C 语言程序设计基础实验教程

主 编 范 萍 甘 岚

副主编 刘媛媛 雷莉霞

电子工业出版社

Publishing House of Electronics Industry

北京·BEIJING

内 容 简 介

本书是与《C 语言程序设计基础教程》一书配套使用的教学参考书，全书共分为 11 章。每一章的标题和内容均与《C 语言程序设计基础教程》一书相对应，内容包括各章节的知识点介绍、典型实验示例和上机实验内容，以及全部上机编程题，并且给出了《C 语言程序设计基础教程》一书的全部习题的参考答案。

书中的实验和开发示例都在 Visual C++ 6.0 集成开发环境下通过了验证，习题答案全部上机运行通过。实验内容丰富，具有启发性、综合性，不仅紧密配合理论教学，而且很有实用价值。

本书内容丰富、概念清晰、实用性强，是学习 C 语言和实践上机的必备参考书。既可作为高等学校计算机专业或其他专业的计算机程序设计教学用书，也可以作为从事计算机应用的科技人员的参考书、培训教材，或者供报考计算机等级考试人员和其他自学者参考使用。

图书在版编目（CIP）数据

C 语言程序设计基础实验教程 / 范萍，甘岚主编. —北京：电子工业出版社，2019.3
ISBN 978-7-121-36082-4

Ⅰ．①C… Ⅱ.①范… ②甘… Ⅲ.①C 语言－程序设计－高等学校－教材 Ⅳ.①TP312.8

中国版本图书馆 CIP 数据核字（2019）第 038568 号

策划编辑：祁玉芹
责任编辑：祁玉芹
特约编辑：寇国华
印　　刷：中国电影出版社印刷厂
装　　订：中国电影出版社印刷厂
出版发行：电子工业出版社
　　　　　北京市海淀区万寿路 173 信箱　邮编　100036
开　　本：787×1092　1/16　印张：13.75　字数：334 千字
版　　次：2019 年 3 月第 1 版
印　　次：2019 年 12 月第 2 次印刷
定　　价：38.50 元

凡所购买电子工业出版社图书有缺损问题，请向购买书店调换。若书店售缺，请与本社发行部联系，联系及邮购电话：（010）88254888，88258888。

质量投诉请发邮件至 zlts@phei.com.cn，盗版侵权举报请发邮件至 dbqq@phei.com.cn。

本书咨询联系方式：（010）68253127。

前　言

目前，我国很多高校都开设了 C 程序设计课程，依据所学专业不同而有其各自的侧重点。C 程序设计是一门实践性很强的课程，因此仅仅通过看书或听课不可能完全掌握，学习程序设计的最重要环节就是实践。实践教学是课堂教学的有益补充，可以巩固所学知识，真正把书本上的知识变为自己的能力，因此我们必须对于实践环节的教学足够重视。为了让广大初学者在短期内具备 C 语言的编程能力，并且为课程相关实验提供配套指导，我们编写了本书。

本书共分为 11 章，第 1 章介绍了 Visual C++ 6.0 可视化工具的编辑、编译和调试 C 程序的方法，以及使用注意事项等内容；第 2 章介绍了数据结构与算法的相关知识及习题解答；第 3 章介绍了基本数据类型、运算符和表达式等相关知识及习题答案，并提供了配套实验；第 4～6 章介绍了用 C 语言进行结构化程序设计的基本方法，包括结构化程序的顺序结构、选择结构、循环结构的相关联系和相关习题的答案，并提供了配套实验；第 7 章介绍了数组的相关知识及习题答案，并给出了数值数组和字符数组两组实验；第 8 章介绍了函数的定义和使用方法，以及编译预处理的相关知识，提供了相关练习和习题答案，并给出了函数定义和函数传址调用的相关实验；第 9 章介绍了指针的概念，解答相关习题，并提供了指针和数组及其应用的相关实验；第 10 章介绍了构造型数据类型，给出了相关习题的答案，并提供了实验内容；第 11 章给出了使用 C 语言文件的相关知识及习题答案和相关实验等。

本书作者都是长期工作在教学和科研第一线的教师，他们有多年的 C 程序设计课程的教学和编程经验。本书既可以作为教师讲授 C 程序设计的辅导教材，又可作为大专院校学生，以及计算机培训班学员学习 C 语言的有力工具，也同样适用于广大软件开发人员、自学人员和等级考试人员的用书需要。

本书作为《C 语言程序设计基础教程》的配套实验教材，由范萍、甘岚、刘媛媛和雷莉霞共同编著，由范萍主编并统稿。在此我们还要特别感谢华东交通大学信息工程学院计算机基础部全体教师的热情支持和指导。

由于作者水平有限，书中难免有不妥之处，恳请专家与读者批评指正。

编　者

2018 年 11 月

目 录

第 *1* 章　C 语言程序设计概述

1.1　知 识 介 绍

1. 程序设计语言概述

程序设计语言按照程序设计语言与计算机硬件的联系程度将其分为 3 类,即机器语言、汇编语言和高级语言。前两类依赖于计算机硬件,有时统称为"低级语言",而高级语言与计算机硬件关系较小。

2. 程序设计方法

程序设计方法分为结构化程序设计和面向对象的程序设计方法。

结构化程序设计的主要观点是采用自顶向下、逐步求精的程序设计方法,使用 3 种基本控制结构构造程序,任何程序都可由顺序、选择、循环 3 种基本控制结构构造。该方法以模块化设计为中心,将待开发的软件系统划分为若干个相互独立的模块,这样使完成每一个模块的工作变得单纯而明确。

面向对象设计是一种把面向对象的思想应用于软件开发过程中,指导开发活动的系统方法,是建立在"对象"概念基础上的方法学。对象是由数据和允许的操作组成的封装体,与客观实体有直接对应关系。一个对象类定义了具有相似性质的一组对象,而继承性是对具有层次关系的类的属性和操作进行共享的一种方式。所谓面向对象就是基于对象概念,以对象为中心,以类和继承为构造机制来认识、理解、刻画客观世界和设计、构建相应的软件系统。

3. 程序设计语言翻译系统

程序设计语言翻译系统可以分成 3 种,即汇编语言翻译系统、高级语言翻译系统和高级语言解释系统,它们的不同之处主要体现在生成计算机可以执行的机器语言的过程中。

4. C 语言的发展及特点

（1）　C 语言是一个有结构化程序设计、变量作用域,以及递归功能的过程式语言。

（2）　C 语言传递参数均以值传递,另外也可以传递指针。

（3）　不同的变量类型可以用结构体组合在一起。

（4）　只有 32 个保留字,使变量、函数命名有更多弹性。

（5）　部分变量类型可以转换，如整型和字符型变量。

（6）　通过指针，C语言可以容易地对存储器进行低级控制。

（7）　预编译处理让C语言的编译更具有弹性。

5.　C语言程序的执行

运行一个C源程序的步骤是输入并编辑源程序→编译源程序→链接库函数→运行目标程序。

C程序的集成开发工具基本特点是符合标准C，并具有一些扩充内容，能开发C语言程序。

1.2　Visual C++ 6.0 介绍

Visual C++ 6.0（以下简称"VC6.0"），是微软公司推出的目前使用极为广泛的基于Windows平台的可视化编程环境，由于功能强大、灵活性好、完全可扩展，以及具有强有力的Internet支持，所以从各种C++语言开发工具中脱颖而出，成为目前最为流行的语言集成开发环境之一。

利用VC6.0集成开发环境，还可以有效地实现编写及运行C语言程序。

1.2.1　安装与启动

1.　安装VC6.0

计算机所需的软、硬件配置为Pentium处理器、32 MB内存或更大内存、至少200 MB的可用硬盘空间、800 px×600 px以上的显示器、Windows 98或Windows NT操作系统。安装过程如下。

（1）　插入VC6.0安装光盘，打开"Visual C++ 6.0 中文企业版 安装向导"对话框，如图1-1所示。

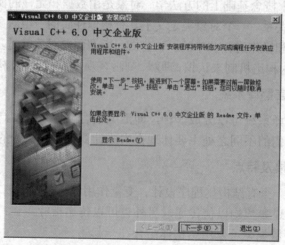

图1-1　"Visual C++ 6.0 中文企业版 安装向导"对话框

（2） 单击"下一步"按钮，打开"最终用户许可协议"对话框，如图 1-2 所示。

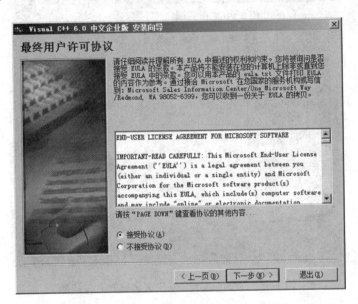

图 1-2　"最终用户许可协议"对话框

（3） 选择"接受协议"单选按钮。

（4） 单击"下一步"按钮，打开"产品号和用户 ID "对话框，如图 1-3 所示。

图 1-3　"产品号和用户 ID "对话框

（5） 输入产品序列号、用户名及所在单位的名称。

（6） 单击"下一步"按钮，打开"Visual C++ 6.0 中文企业版"对话框，如图 1-4 所示。

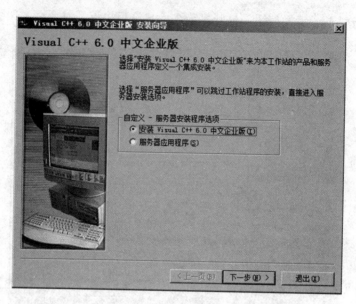

图 1-4 "Visual C++ 6.0 中文企业版"对话框

（7） 选择"安装 Visual C++ 6.0 中文企业版"单选按钮。

（8） 单击"下一步"按钮，打开"选择公用安装文件夹"对话框，如图 1-5 所示。

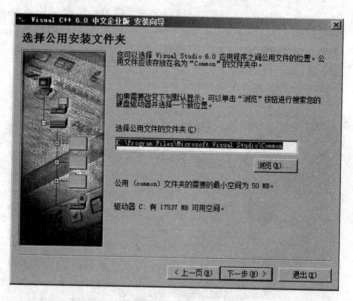

图 1-5 "选择公用安装文件夹"对话框

（9） 保留默认，单击"下一步"按钮，打开"Visual C++ 6.0 Enterprise 安装程序"
对话框，如图 1-6 所示。

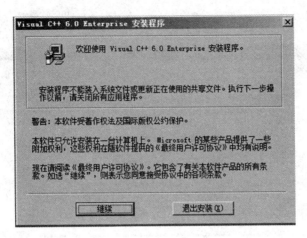

图 1-6 "Visual C++ 6.0 Enterprise 安装程序"对话框

（10） 单击"继续"按钮进入安装过程，随后出现如图 1-7 所示的"Visual C++ 6.0 Enterprise 安装程序"对话框。

图 1-7 "Visual C++ 6.0 Enterprise 安装程序"对话框

（11） 单击"确定"按钮，搜索已安装组件并显示提示信息。

（12） 单击"是"按钮，打开"Visual C++ 6.0 Enterprise 安装程序"对话框。

（13） 选择"Typical"（典型安装）选项，如图 1-8 所示。

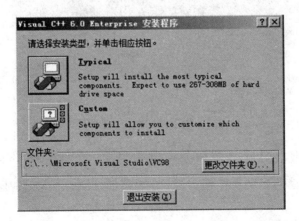

图 1-8 选择"Typical"选项

稍后出现如图 1-9 所示的"Setup Environment Variables"对话框。

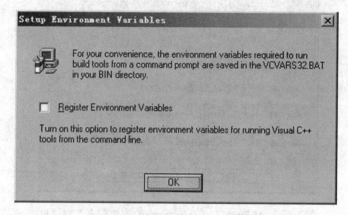

图 1-9 "Setup Environment Variables"对话框

（14） 单击"OK"按钮，提示安装进程，如图 1-10 所示。

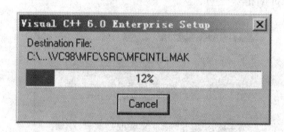

图 1-10 安装进程

安装进程结束后，显示如图 1-11 所示的"Visual C++ 6.0 Enterprise – 重新启动 Windows"对话框。

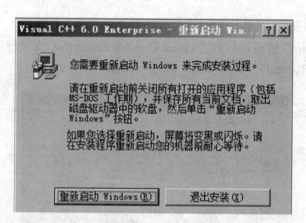

图 1-11 "Visual C++ 6.0 Enterprise – 重新启动 Windows"对话框

（15） 单击"重新启动"按钮重启计算机，重启后显示如图 1-12 所示的"Install MSDN"对话框。

图 1-12　"Install MSDN"对话框

（16）　清除"安装 MSDN"复选框。

（17）　单击"下一步"按钮，显示如图 1-13 所示的提示信息。

图 1-13　提示信息

（18）　单击"是"按钮，打开如图 1-14 所示的"其他客户工具"对话框。

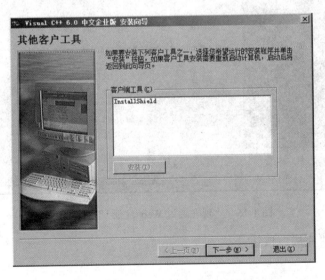

图 1-14　"其他客户工具"对话框

（19） 单击"下一步"按钮，打开如图 1-15 所示的"服务器安装"对话框。

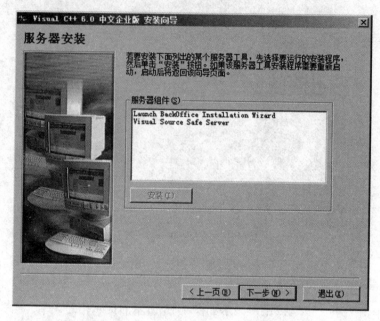

图 1-15　"服务器安装"对话框

（20） 单击"下一步"按钮，打开"现在通过 Web 注册！"对话框，如图 1-16 所示。

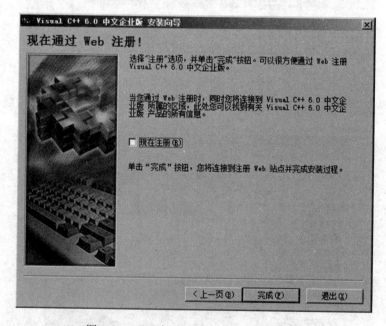

图 1-16　"现在通过 Web 注册！"对话框

（21） 单击"完成"按钮。

2. 启动 VC6.0

选择"开始"→"程序"→"Microsoft Visual Studio"→"Microsoft Visual C++ 6.0"
选项。

若是第 1 次启动，则显示"每日提示"对话框，如图 1-17 所示。

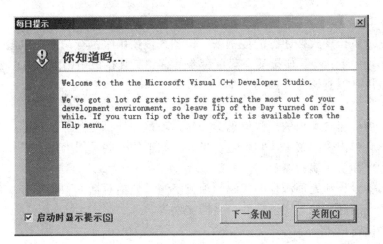

图 1-17 "每日提示"对话框

单击"下一条"按钮，可以看到有关各种操作提示。如果清除"启动时显示提示"复
选框，那么以后启动 V C 6.0 时将不显示此对话框。

单击"关闭"按钮关闭对话框，进入 V C 6.0 集成开发环境。

VC6.0 集成开发环境由标题栏、菜单栏、工具栏、工作空间窗口、输出窗口、程序和
资源编辑窗口、状态栏等组成，如图 1-18 所示。

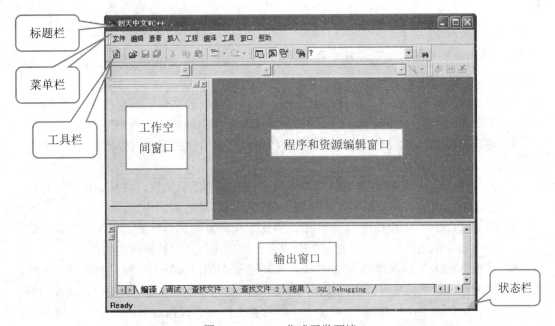

图 1-18 VC6.0 集成开发环境

（1）标题栏。

标题栏位于 VC6.0 集成开发环境的最上方，一般放置图标、程序名称和控制按钮。

（2）菜单栏。

菜单栏是重要的人机界面的操作对象，用户通常从中选择菜单项中的命令实现所需的功能。

（3）工具栏。

工具栏是放置位图式按钮行的控制条，位图式按钮用来执行命令，单击工具栏按钮相当于选择菜单项中的命令。如果某个菜单命令具有和工具栏按钮相同的 ID，那么单击工具栏按钮将会调用映射到该命令的同一个处理程序。

（4）工作空间窗口。

工作空间窗口包含用户的一些信息，如类、项目文件、资源等。右键单击其中的任何标题或图标都会弹出快捷菜单，其中包含当前状态下的一些常用操作。

（5）程序和资源编辑窗口。

在该窗口中设计和处理源程序代码和项目资源，包括对话框和菜单等，其中可以显示各种程序源代码的源文件、资源文件、文档文件等。

（6）输出窗口。

该窗口用来显示编译、调试和查询的结果，帮助用户修改用户程序的错误，提示包括错误的条数、错误位置、错误的大致原因等。

（7）状态栏。

状态栏用于显示当前操作状态、注释、文本光标所在的行列号等信息。

1.2.2　菜单及主要工作窗口

当用户使用 VC6.0 开发软件时，大部分的操作都通过菜单命令来完成，因此了解各个菜单命令的基本功能是非常必要的。还有一些工作窗口也是辅助程序设计的工具。

1.　VC6.0 的常用菜单项及其命令

（1）文件（File）菜单项。

- 新建（New）：打开"新建"对话框，可以创建新的文件、工程或工作空间。
- 关闭工作空间（Close Workspace）：关闭与工作空间相关的所有窗口。
- 退出（Exit）：退出 VC6.0 集成开发环境，将提示保存窗口内容等。

（2）编辑（Edit）菜单项。

- 剪切（Cut）：快捷键为 Ctrl+X，将选定内容复制到剪贴板，并从当前活动窗口中删除所选内容。与"粘贴"命令联合使用可以移动选定的内容。
- 复制（Copy）：快捷键为 Ctrl+C，将选定内容复制到剪贴板，但不从当前活动窗口中删除所选内容。与"粘贴"命令联合使用可以复制选定的内容。
- 粘贴（Paste）：快捷键为 Ctrl+V，将剪贴板中的内容插入（粘贴）到当前光标指针所在的位置。注意必须先使用"剪切"或"复制"命令使剪贴板中有粘贴的内容。
- 查找（Find）：快捷键为 Ctrl+F，在当前文件中查找指定的字符串，可按快捷键 F3 查找下一个匹配的字符串。

- 在文件中查找（Find in Files）：在指定的多个文件中查找指定的字符串。
- 替换（Replace）：快捷键为 Ctrl+H，替换指定的字符串。
- 转到（Go To）：快捷键为 Ctrl+G，将光标移到指定行。
- 断点（Breakpoints）：快捷键为 Alt+F9，打开对话框，用于设置、删除或查看程序中的所有断点。断点指示调试器暂停程序执行的位置，以查看当时的变量取值等现场情况。

（3）查看（View）菜单项。

- 工作空间（Workspace）：打开工作空间窗口。
- 输出窗口（Output）：打开输出窗口。

（4）工程（Project）菜单项。

- 添加到工程（Add To Project）：该菜单项的子菜单中包括添加文件或数据链接等到工程之中的命令，如子菜单中的"新建"命令可用于添加"C++ Source File"或"C/C++ Header File""文件"命令则用于插入已有的文件到工程中。
- 设置（Settings）：为工程设置各种不同的选项。选择该命令后打开其中的"调试"选项卡，并通过在"Program arguments："文本框中输入以空格分隔的各命令行参数，则可以为带参数的 main 函数提供相应参数（对应于"void main(int *argc*, char* *argv*[ ]){…}"形式的 main 函数中所需各 *argv* 数组的各字符串参数值）。注意在执行带参数的 main 函数之前，必须进行该设置。当"Program arguments："文本框中为空时，意味着无命令行参数。

（5）组建（Build）菜单项。

- 编译（Compile）：快捷键为 Ctrl+F7，编译当前处于源代码窗口中的源程序文件，以检查是否有语法错误或警告。如果有，则显示在输出窗口中。
- 组建（Build）：快捷键为 F7，连接当前工程中的有关文件。若出现错误，则显示在输出窗口中。
- 执行（Execute）：快捷键为 Ctrl+F5，运行已经编译、连接成功的可执行程序（文件）。
- 开始调试（Start Debug）：该菜单项的子菜单中包括用于启动调试器运行的命令，如"Go"命令用于从当前语句开始执行程序，直到遇到断点或遇到程序结束；"Step Into"命令开始单步执行程序，并在遇到函数调用时进入函数内部从头单步执行；"Run to Cursor"命令使程序运行到当前光标所在行时暂停其执行（使用该命令前要先将光标设置到某一个需要暂停的程序行处）。执行该命令项后启动调试器，此时菜单栏中的"调试"菜单项取代了"组建"菜单项。

（6）调试（Debug）菜单项。

启动调试器后才出现该菜单项。

- Go：快捷键为 F5，从当前语句启动继续运行程序，直到遇到断点或程序结束而停止（与"Build"→"Start Debug"→"Go"命令的功能相同）。
- Restart：快捷键为 Ctrl+Shift+F5，重新从头开始执行程序，应在修改程序后选择该命令。
- Stop Debugging：快捷键 Shift+F5，关闭调试器，中断当前的调试过程并返回正常的编辑状态，并且"组建"菜单项取代"调试"菜单项。

- Step Into：快捷键为 F11，单步执行程序，并在遇到函数调用语句时进入函数内部从头单步执行（与"Build"→"Start Debug"→"Step Into"命令的功能相同）。
- Step Over：快捷键为 F10，单步执行程序。执行到函数调用语句时不进入函数内部，而是一步直接执行该函数后执行函数调用语句后面的语句。
- Step Out：快捷键为 Shift+F11，与"Step Into"配合使用。当进入到函数内部单步执行若干步之后发现不再需要单步调试，通过该命令可以从函数内部返回（到函数调用语句的下一语句处停止）。
- Run to Cursor：快捷键为 Ctrl+F10，使程序运行到当前光标所在行时暂停其执行（使用该命令前要先将光标设置到某一个需要暂停的程序行处）。事实上，相当于设置了一个临时断点，与"Build"→"Start Debug"→"Run to Cursor"命令的功能相同。
- Insert/Remove Breakpoint：快捷键为 F9，该命令在工具栏和程序文档的快捷菜单中。列在此处是为了方便读者掌握程序调试的手段，其功能是设置或取消固定断点。

（7）帮助（Help）菜单项。

通过该菜单项来查看 VC6.0 的各种联机帮助信息。

除了主菜单和工具栏外，VC6.0 集成开发环境还提供了大量的快捷菜单，用右键单击窗口中多处都会弹出一个快捷菜单，其中包含与所选项目相关的各种命令。

2. VC6.0 集成开发环境的主要工作窗口

（1）工作空间（Workspace）窗口。

工作空间窗口显示当前工作空间中各个工程的类、资源和文件信息，当新建或打开一个工作空间后，该窗口通常显示 3 个树视图，即 ClassView（类视图）、ResourceView（资源视图）和 FileView（文件视图）。如果在 VC6.0 企业版中打开了数据库工程，则显示 DataView（数据视图）。

- "ClassView"视图：显示当前工作空间中所有工程定义的 C++类、全局函数和全局变量。展开每一个类后，可以看到该类的所有成员函数和成员变量。如果双击类的名字，则打开定义这个类的文件，并把文档窗口定位到该类的定义处；如果双击类的成员或者全局函数及变量，文档窗口则会定位到相应函数或变量的定义处。
- "ResourceView"视图：显示每个工程中定义的各种资源，包括快捷键、位图、对话框、图标、菜单、字符串资源、工具栏和版本信息等。如果双击一个资源项目，则进入资源编辑状态，打开相应的资源，并根据资源的类型自动显示 Graphics、Color、Dialog、Controls 等停靠式窗口。
- "FileView"视图：显示隶属于每个工程的所有文件。除了 C/C++源文件、头文件和资源文件外，还可以在工程中添加其他类型的文件，如 Readme.txt 等。这些文件对工程的编译和连接不是必须的，但将来制作安装程序时会被一起打包；同样，如果双击源程序等文本文件，则为该文件打开一个文档窗口；双击资源文件，打开其中包含的资源。

在"FileView"视图中右键单击一个工程，弹出的快捷菜单中的"Clean"命令的功能是删除全部 VC6.0 生成的中间文件，避免了手工删除时可能会出现的误删或漏删问题；另外某些情况下 VC6.0 编译器可能无法正确识别已编译的文件，以致于在建立工程时完全重建，此时使用"Clean"命令删除中间文件可以解决这一问题。

（2） 输出窗口。

输出窗口中前面的 4 个栏最常用，在建立工程时，"Build"栏显示工程建立过程中经过的每一个步骤及相应信息。如果出现编译或连接错误，则该栏显示发生错误的文件及行号、错误类型编号和描述。双击一个编译错误，VC6.0 打开相应的文件，并定位到发生错误的语句行。

工程通过编译和连接后，运行其调试版本。"Debug"栏中显示各种调试信息，包括 DLL 装载情况、运行时警告及错误信息、MFC 类库或程序输出的调试信息、进程中止代码等。

两个"Find in Files"栏用于显示从多个文件中查找字符串后的结果，如果需要查看某个函数或变量出现在哪些文件中，则选择"Edit"→"Find in Files"命令。然后指定要查找的字符串、文件类型及路径，单击"查找"按钮，结果显示在"Find in Files"栏中。

3. 调整窗口布局

VC6.0 的智能化界面允许用户灵活配置窗口布局，如重新定位菜单栏和工具栏的位置。拖动菜单栏或工具栏左方类似把手的两个竖条纹放到窗口的不同位置，可以发现菜单和工具栏能够停靠在窗口的上方、左方和下方。双击竖条纹，它们还能以独立子窗口的形式始终浮动在文档窗口的上方，并且可以被拖到主窗口之外。如果有双显示器，甚至可以把这些子窗口（除了文档窗口）拖到另外一个显示器上，以进一步加大编辑区域的面积。工作空间和输出窗口等停靠式窗口（Docking View）也能以相同的方式拖动或者切换成独立的子窗口；此外，这些停靠式窗口还可以切换成普通的文档窗口模式，方法是选中某个停靠式窗口后，清除"Windows"下拉菜单中的"Docking View"复选框。

1.2.3 建立一个简单程序

1. 建立并运行一个程序

这个程序的功能是向屏幕输出一个字符串"Hello World"，建立并运行程序包含如下步骤。

（1） 输入并编辑程序代码。

（2） 编译（生成目标程序文件.obj）。

编译就是把高级语言变成计算机可以识别的二进制语言，过程包括词法分析、语法分析、语义检查、中间代码生成、代码优化，以及目标代码生成。其中主要是进行词法分析和语法分析，又称为"源程序分析"，分析过程中发现语法错误给出提示信息。

（3） 组建（生成可执行程序文件.exe）。

组建是将编译产生的.obj 文件和系统库连接装配成一个可以执行的程序，在实际操作中可以直接选择"组建"从源程序产生可执行程序。将源程序转换为可执行文件的过程分为编译和组建两个独立步骤主要是因为在一个较大的复杂项目中，有多人共同完成（每个人可能承担其中一部分模块）。其中不同的模块可能用不同的语言编写，如汇编、

VC 或 VB。有的模块可能是购买或已有的标准库模块，各类源程序都需要先各自编译为目标程序文件（二进制机器指令代码），然后通过组建程序将这些目标程序文件连接装配成可执行文件。

（4） 运行（生成可执行程序文件）。

2. 工程（Project）及工程工作空间（Project Workspace）

工程也称为"项目"，或"工程项目"，它具有两种含义，一是指最终生成的应用程序；二是指为了创建这个应用程序所需的全部文件的集合，包括各种源程序、资源文件和文档等，大多数较新的开发工具都利用工程来管理软件开发过程。

用 VC6.0 编写并处理的任何程序都与工程有关（都要创建一个与其相关的工程），而每一个工程又总与一个工程工作空间相关联。工作空间是对工程概念的扩展，一个工程的目标是生成一个应用程序，但很多大型软件往往需要同时开发数个应用程序。VC6.0 集成开发环境允许用户在一个工作空间内添加数个工程，其中有一个是活动（默认）的，每个工程都可以独立地编译、连接和调试。

VC6.0 通过工程工作空间来组织工程及其各相关元素，如同一个工作间（对应于一个独立的文件夹，或称"子目录"），以后程序所包括的所有的文件和资源等元素都将放入这一工作间中。从而使得各个工程之间互不干扰，使编程工作更有条理且更具模块化。最简单情况下，一个工作空间中用来存放一个工程，代表某一个要处理的程序。如果需要，一个工作空间中也可以用来存放多个工程，其中可以包含该工程的子工程或者与其有依赖关系的其他工程。

可以看出工程工作空间如同一个"盛放"相关工程所有有关信息的"容器"，创建新工程时要创建这样一个工程工作空间，而后则通过该工作空间窗口来观察与存取此工程的各种元素及其有关信息。创建工程工作空间之后，系统将创建一个相应的工作空间文件（.dsw），用来存放与该工作空间相关的信息；另外还创建其他多个相关文件，包括工程文件（.dsp）和选择信息文件（.opt）等。

编写 C++程序时要创建工程，VC6.0 已经预先准备了近 20 种不同的工程类型供选择，选择不同的类型意味着由 VC6.0 提前做某些不同的准备及初始化工作。例如，自动生成一个底层程序框架（称为"框架程序"），并完成某些隐含设置，如隐含位置、预定义常量、输出结果类型等。在工程类型中有一种"Win32 Console Application"类型，它是我们首先要掌握用来编写运行 C++程序中最简单的一种。此种类型的程序运行时将出现并使用一个类似 DOS 的窗口，并提供对字符模式的各种处理与支持。实际上，提供的只是具有严格的采用光标而不是鼠标移动的界面。此种类型的工程小巧而简单，但已足以解决并支持本课程中涉及的所有编程内容与技术。可以使我们把重点放在程序的编写，而并非界面处理等方面。至于 VC6.0 支持的其他工程类型（其中有许多还将涉及 Windows 或其他编程技术与知识），有待在今后的不断学习中来逐渐了解、掌握与使用。

3. 创建工程并输入源程序代码

（1） 新建一个 Win32 Console Application 工程。

• 选择"文件"→"新建"命令，打开"新建"对话框。
• 打开"工程"选项卡，如图 1-19 所示。

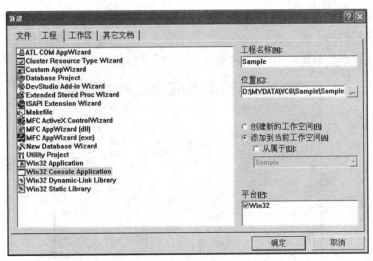

图 1-19　"工程"选项卡

- 选择"Win32 Console Application"复选框,在"位置"文本框中输入"D:\MYData\ VC6",在"工程名称"文本框中输入工程名"Sample"。VC6.0 在"D:\MYData\ VC6"下用该工程名"Sample"建立一个同名子目录,随后的工程文件及其他相关文件都将存放其中。
- 单击"确定"按钮,打开"Win32 Console Application – 步骤 1 共 1 步"对话框如图 1-20 所示。

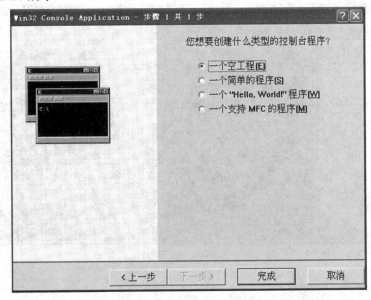

图 1-20　"Win32 Console Application – 步骤 1 共 1 步"对话框

若选择"一个空工程"单选按钮,则将生成一个空的工程;若选择"一个简单的程序"单选按钮,则生成包含一个空的 main 函数和一个空的头文件的工程;选择"一个"Hello World!"程序"单选按钮,则需要包含显示"Hello World!"字符串的输出语句;选择"一个支持 MFC 的程序"单选按钮,则可以利用 VC6.0 所提供的类库来编程。

- 为了更清楚地说明编程的各个环节，选择"一个空的工程"单选按钮，从一个空的工程开始。
- 单击"完成"按钮，打开"新建工程信息"对话框，如图1-21所示。

图1-22   "新建工程信息"对话框

- 单击"确定"按钮，打开"Sample – Microsoft Visual C++"窗口，如图1-22所示。

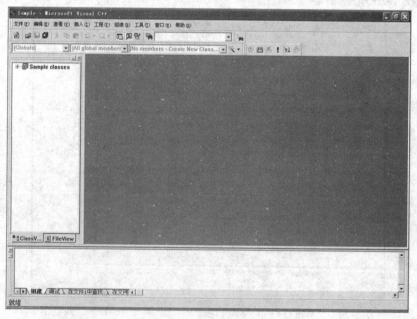

图1-22   "Sample – Microsoft Visual C++"窗口

（2）在工作空间窗口中查看工程的逻辑架构。

工作空间中的"ClassView"标签中列出的是这个工程中所包含的所有类的有关信息，因为目前程序不涉及类，所以这个标签中现在为空。打开"FileView"标签，显示这个工程所包含的所有文件信息。单击+按钮打开所有层次会发现有 3 个逻辑文件夹，其中"Source Files"文件夹中包含了工程中所有的源文件；"Header Files"文件夹中包含了工程中所有的头文件；"Resource Files"文件夹中包含了工程中所有的资源文件，即工程中所用到的位图和加速键等信息，如图 1-23 所示。

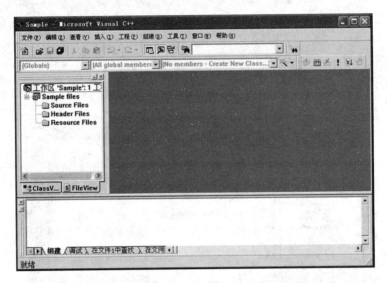

图 1-23 "FileView"选项卡

逻辑文件夹是在工程配置文件中定义的，在磁盘中并没有物理地址存在，这 3 个逻辑文件夹是 VC6.0 预先定义的。就编写简单的单一源文件的 C 程序而言，只需要使用"Source Files"一个文件夹。

（3） 在工程中新建 C 源程序文件并输入源程序代码。

- 选择"工程"→"添加到工程"→"新建"命令，打开"新建"对话框。
- 打开"文件"选项卡，如图 1-24 所示。

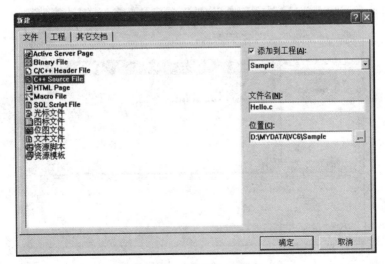

图 1-24 "文件"选项卡

- 选择"C++ Source File"选项，在"文件名称"文本框中输入文件名"Hello.c"。
- 单击"确定"按钮，进入输入源程序的编辑窗口（注意所出现的呈现闪烁状态的输入位置光标），此时只需通过键盘输入如下源程序代码：

```c
#include <stdio.h>
void main()
{
    printf("Hello World!\n");
}
```

可通过工作空间窗口中的"FileView"标签看到"Source Files"文件夹下已有 Hello.c 文件，如图 1-25 所示。

图 1-25　"Source Files"文件夹中的 Hello.c 文件

在工作空间窗口的"ClassView"标签中的"Globals"文件夹中也可以看到键入的 main 函数，如图 1-26 所示。

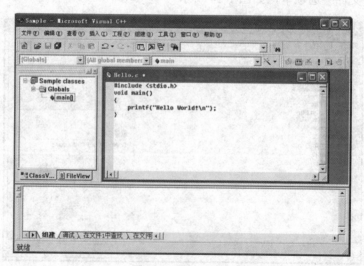

图 1-26　main 函数

4. 不创建工程，直接输入源程序代码

在"文件"选项卡中选择"C++ Source File"选项，后续操作则与前述相同。

也可以单击工具栏中的新建文件按钮📄新建一个空白文件，然后单击保存按钮💾保存此空文件。保存时一定要以".c"或"cpp"作为扩展名，前者为 C 语言源程序，后者为 C++源程序；否则编译程序时自动格式化和特殊显示等很多特性将无法使用，程序无法运行。

这种方式新建的 C 源程序文件在编译时会提示用户，要求允许系统为其创新一个默认的工程（含相应的工作空间）。

5. 编译、组建和运行程序

在编译、组建和运行程序前应保存工程，以避免程序运行时系统发生意外而使之前的工作付之东流。

选择"组建"→"编译"命令编译程序，若发现错误（error）或警告（warning），则在输出窗口中显示错误或警告所在行及具体信息，可以通过这些信息来纠正程序中的错误或警告（错误是必须纠正的，否则无法进行下一步；警告则并不影响进行下一步，当然最好处理所有的警告）。当没有错误与警告出现时，输出窗口显示的最后一行信息是"Hello.obj-0 error(s), 0warning(s)"。

选择"组建"→"组建"命令组建生成可执行程序，如果出现错误，则显示在输出窗口中。组建成功后输出窗口显示的最后一行是"Sample.exe-0 error(s), 0 warning(s)"。

选择"组建"→"执行"命令，VC6.0 运行程序并显示运行结果，如图 1-27 所示。

图 1-27　Hello.c 程序的运行结果

其中的"Press any key to continue"由系统产生，使得用户可以浏览输出结果，直到按下任意键为止（将返回集成界面的编辑窗口处）。

选择"文件"→"关闭工作空间"命令，系统询问是否关闭所有的相关窗口。单击"是"按钮，结束一个程序从输入到执行的全过程，回到刚刚启动 VC6.0 的初始画面。

6. 及时备份文件

（1）完全备份：将 D:\myData\VC6 下的文件夹 Sample 复制到 U 盘或打包成一个文件后放到个人的邮箱中。需要在其他计算机上继续完成这个工程时，将该文件夹复制到该计算机的硬盘中。启动 VC6.0，选择"文件"→"打开工作空间"命令，打开这个工程即可。

（2）只备份 C 源程序文件：因为"Sample"工程非常简单，所以仅备份其中的 C 源程序 Hello.c 即可。需要在其他计算机上继续完成该程序时，只需将备份的程序复制到该计算机的硬盘中。启动 VC6.0，根据前面的讲述，新建一个 Win32 Console Application，然后通过选择"工程"→"增加到工程"→"文件"命令将 Hello.cpp 添加新建的工程中。

1.2.4 调试程序

1. 调试程序的时机

当程序编译或者组建出错时，系统在输出窗口随时显示有关提示或出错警告信息等（如果是编译出错，只要双击输出窗口中的出错信息就可以自动跳到出错的程序行）。若编译和组建正确，而执行结果不正确，则需要使用调试工具查找程序中隐藏的出错位置（某种逻辑错误）。

以下几行程序代码编译和组建均正确，但能实现设计的要求吗？

```c
#include <stdio.h>
void main()
{
  printf("C language is very wonderful!\n");
}
```

事实上，程序设计的重点不是修正编译和组建过程中的错误，而是设计正确的算法。

2. 调试程序的基本方法

（1） 设置固定或临时断点。

断点是指定程序中的某一行，让程序运行至该行后暂停运行，使得程序员可以观察分析程序运行过程中的如下情况。

- 在变量（Varibles）窗口中观察程序中变量的当前值，程序员观察这些值的目的是与预期值对比，若不一致，则此断点前运行的程序肯定在某个地方有问题，以此可缩小故障范围。例如，以下程序计算 $\cos(x)$ 并显示，运行时发现无论 x 输入为多少，结果都是 0.046414。

```c
#include <stdio.h>
#include <math.h>
void main()
{
  int  x;
  printf("Please input x:");
  scanf("% d", &x);
  printf("cos(x)=%f\n", cos(x));
}
```

若没有看到问题所在，则应该使用调试手段定位故障位置。

- 在监控（Watch）窗口中观察指定变量或表达式的值，当变量较多时，使用监控窗口可以有目的、有计划地观察关键变量的变化。
- 在输出窗口中观察程序当前的输出与预期是否一致，若不一致，则此断点前运行的程序肯定在某个地方有问题。
- 在内存（Memory）窗口中观察内存中数据的变化，在该窗口中能直接查询和修改任意地址的数据。对初学者来说，通过它能更深刻地理解各种变量、数组和结构等是如何占用内存的，以及数组越界的过程。

- 在调用堆栈（Call Stack）窗口中观察函数调用的嵌套情况，此窗口在函数调用关系比较复杂或递归调用的情况下，对分析故障很有帮助。

（2）单步执行程序。

让程序一步一步（行）地执行，观察分析执行过程是否符合预要求。例如，以下程序预期的功能是从键盘上读入两个数 x 和 y，判断 x 和 y 是否相等。相等，则在屏幕上显示 $x=y$；不相等，则显示 $x<>y$。程序实际的运行结构是无论输入什么数，在屏幕上总是显示 $x=y$ 和 $x<>y$。通过单步执行，则能定位故障点，缩小查看的范围。例如，在单步执行的过程中输入 2 和 3 发现 x 和 y 的值的确变成了 2 和 3，此时单步跟踪却发现执行了"printf("x=y\n");"语句，因此问题出在"if ($x = y$)"。

```c
#include <stdio.h>
void main()
{
  int  x, y;
  printf("Please input x, y:");
  scanf("%d,%d", &x, &y);
  if (x = y)
  {
    printf("x=y\n");
  }
  else
  {
    printf("x<>y\n");
  }
}
```

在单步执行的过程中，应灵活应用"Step Over""Into""Step Out"'Run to Cursor 等命令，提高调试效率。建议在程序调试过程中，记住并使用这些命令的快捷键，以提高效率。

3. 一个简单程序的调试过程

编写一个执行计算任务的简单程序，在已知 $x=3$、$y=5$ 的情况下计算出 x 与 y 的和 s，差 d，商 q，模 r，而后计算 $res=s+2d+3q+4r$ 的值（res 应该等于 16）并显示在屏幕上。但编写的如下程序运行后却得出了一个错误结果 $res=26$：

```c
#include <stdio.h>
void main()
{
  int x=3, y=5;
  int s, d, q, r, res;
  s = x + y;
  d = s - y;
  q = x / y;
  r = x % y;
  res = s + 2*d + 3*q + 4*r;
  printf("res=%d\n", res);
}
```

分析上述程序行，假设在要输出 *res* 结果值的倒数第 2 行处设置一个临时断点，让程序执行到此断点处（该行尚未被执行），然后查看此刻各变量的动态取值可能找到出错的原因。基于此分析，将光标移动到"printf("*res*=%d\n", *res*);"行处指定临时性断点的行位置。而后选择"组建"→"开始调试"→"Run to Cursor"命令，使程序运行到指定行时暂停。左下方窗口中列出此时各变量的取值，如图 1-28 所示。

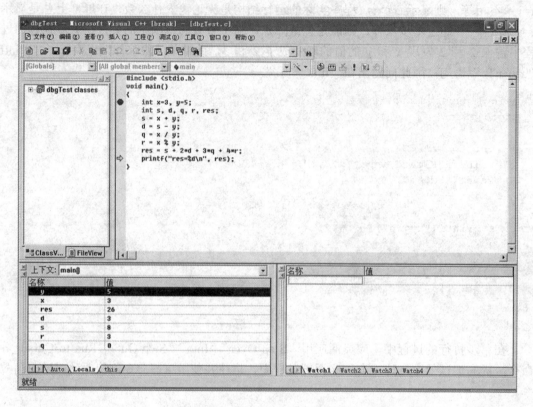

图 1-28　各变量的取值

和 *s*=8，差 *d*=3（*x*=3，*y*=5，差 *d*=3 肯定是错误的），商 *q*=0，模 *r*=3，最终结果 *res*=26，仔细查看程序中负责计算差 *d* 的的语句发现将"*x-y*"误写成"*s-y*"。找到了错误，此时可以通过选择"调试"→"Stop Debugging"命令中断当前的调试过程。然后修改所发现的错误后，再一次执行程序将得出正确结果。

图 1-27 中显示的变量是"自动查看"方式，即 VC6.0 自动显示当前运行过程中的变量值。如果变量比较多，显示的窗口比较混乱，为此可以在"Watch"列表中添加需要监控的变量名。

设置临时断点的调试手法使用方便，也常配合单步执行的方法仔细检查程序执行每一步后各变量取值的动态变化情况。如先通过"Run to Cursor"执行到某一个光标临时断点行，而后通过使用"Step Ove"或"Step Into"命令开始单步执行。每执行一步后都要仔细观察并分析系统自动给出的各变量取值的动态变化情况，以及时发现异常而找到出错原因。

4. 设计合适的程序调试方案

针对不同的程序，都需要在分析其执行结果及其程序结构的基础上来设计相应的调试方案。宗旨是想方设法逐步缩小问题的范围，直到最后找到出错位置。

如果一个程序除 main 外，还有一个自定义函数 f。若已经确认调用该函数前计算出的 *res* 值（或 *s*、*d*、*q*、*r* 或其中之一的结果值）不正确，则可如同上一程序那样在计算出 *res* 变量值的下一行（或在靠前一些的某一行）设置断点，查看到达该断点后是否一切正常。若不正常，则已经出现错误，从而找到错误或者缩小了范围；若正常，则可断言错误出现在后面。此时可以一次在更靠后一些的适当位置设置新断点，再一次选择"调试"→"Run to Cursor"命令继续检查，也可以通过单步执行在重点怀疑处仔细地逐行检查。

"Step Over"命令不会进入 f 函数内部执行，若怀疑 f 函数有问题，则选择"调试"→"Step Into"命令进入 f 函数内部细致调试。若发现不再需要继续单步调试，则通过"Step Out"命令从函数内部返回到调用语句的下一语句处。

可以看出，程序调试是一件很费时费力而又非常细致的工作。需要耐心，要通过不断的实践来总结与积累调试经验。

作为练习，请读者利用如下程序对上述的调试方法与手段进行多方面的灵活使用与体验：

```c
#include <stdio.h>
int f(int a)
{
    int b, c;
    b = a + 5;
    c = 2*b + 100;
    return c;
}
void main()
{
    int x=3, y=5;
    int s, d, q, r, res, z;
    s = x + y;
    d = x - y;
    q = x / y;
    r = x % y;
    res = s + 2*d + 3*q + 4*r;
    printf("res=%d\n", res);
    z = f(36);
    printf ("z=%d\n", z);
}
```

前面也提到过，通过"Run to Cursor"命令设置并到达的断点是一个临时性断点。设置固定性断点最简单的方法是右键单击在某一程序行，在弹出的快捷菜单中选择"Insert/Remove Breakpoint"命令。

清除固定性断点的方法为用右键单击具有圆形黑点标志的固定断点行，在弹出的快捷菜单中选择"Remove Breakpoint"命令。

设置固定性断点后，通常通过选择"组建"→"开始调试"→"Go"或"调试"→"Go""命令使程序开始执行，直到遇到某断点或遇到程序结束而停止。

还要说明的是，可以随时设置任意多个固定性断点，也可以随时清除它们。选择"编辑"→"Breakpoint"命令，打开一个对话框。在其中的"Break at"文本框中键入要设置断点的程序行的行数（通常是先通过光标选定某一程序行，利用菜单命令打开上述对话框。而后通过在"Break at"文本框右边的小三角按钮并选定系统提供的程序行的行数），然后单击"OK"按钮；如果要清除某断点，可在"Breakpoints"列表栏中选定它，之后单击"Remove"按钮。实际上，除位置断点外，通过选择"编辑"→"Breakpoint"命令还可以设置数据断点，消息断点，以及条件断点等。

调试常用的快捷键如表 1-1 所示。

表 1-1　调试常用的快捷键

单步进入	F11
单步跳过	F10
单步跳出	Shift+F11
运行到光标	CTRL+F10
开关断点	F9
清除断点	Ctrl+Shift+F9
Breakpoints（断点管理）	Ctrl+B 或 Alt+F9
GO	F5
编译（Compile）	Ctrl+F7
组建（Build）	F7

1.2.5　常见的错误提示

以下是一些常见的编译和组建期间的程序出错英文提示及相应的中文意思，供参考。

1.　常见编译错误

（1）　error C2001: newline in constant

编号：C2001。

直译：在常量中出现了换行。

错误分析：

- 字符串常量、字符常量中是否有换行。
- 在该语句中，某个字符串常量的尾部是否漏掉了双引号。
- 在该语句中，某个字符常量中是否出现了双引号字符，但是没有使用转义符'\'。
- 在该语句中，某个字符常量的尾部是否漏掉了单引号。
- 是否在某句语句的尾部或语句的中间误输入了一个单引号或双引号。

（2）　error C2015: too many characters in constant

编号：C2015。

直译：字符常量中的字符过多。

错误分析：单引号表示字符型常量，一般其中必须有且只能有一个字符（使用转义符时，转义符所表示的字符作为一个字符处理）。如果单引号中的字符数多于 4 个，则引发这个错误；另外，如果语句中某个字符常量缺少右边的单引号，也会引发这个错误，如：

```
if (x == 'x || x == 'y') { … }
```

值得注意的是如果单引号中的字符数是 2~4 个，编译不报错，输出结果是这几个字母的 ASCII 码作为一个整数（int,4B）整体处理的数字。

（3） error C2137: empty character constant

编号：C2137

直译：空的字符定义。

错误分析：原因是连用了两个单引号，而中间没有任何字符，这是不允许的。

（4） error C2018: unknown character '0x##'

编号：C2018。

直译：未知字符 0x##。

错误分析：0x##是字符 ASCII 码的 16 进制表示法，这里说的未知字符通常是指全角符号、字母、数字，或者直接输入了汉字。如果全角字符和汉字用双引号包含，成为字符串常量的一部分，则不会引发这个错误。

（5） error C2041: illegal digit '#' for base '8'

编号：C2141。

直译：在八进制中出现了非法的数字'#'（这个数字#通常是 8 或者 9）。

错误分析：如果某个数字常量以 0 开头（单纯的数字 0 除外），那么编译器会认为这是一个 8 进制数字。例如，"089""078""093"都是非法的，而"071"是合法的，等同于十进制中的 57。

（6）error C2065: 'xxxx' : undeclared identifier

编号：C2065。

直译：标识符"xxxx"未定义。

错误分析：标识符是程序中出现的除关键字之外的词，通常由字母、数字和下画线组成。不能以数字开头，也不能与关键字重复，并且区分大小写。变量名、函数名、类名、常量名等都是标识符，所有的标识符都必须先定义，后使用。标识符有很多种用途，所以错误也有多种原因。

- 如果"xxxx"是一个变量名，那么通常是程序员忘记了定义这个变量，或者拼写错误、大小写错误所引起的，所以首先检查变量名是否正确(关联变量、变量定义)。
- 如果"xxxx"是一个函数名，则怀疑函数名是否没有定义。可能是拼写错误或大小写错误，也有可能是调用的函数不存在；另一种可能是写的函数在调用所在的函数之后，而没有在调用之前声明函数原型（关联函数声明与定义、函数原型）。
- 如果"xxxx"是一个库函数的函数名，如"sqrt""fabs"，那么检查在 cpp 文件开始是否包含了这些库函数所在的头文件（.h 文件）。例如，使用"sqrt"函数需要头文件 math.h。如果"xxxx"就是"cin"或"cout"，那么一般是没有包含"iostream.h"（关联#include、cin、cout）。

- 如果"xxxx"是一个类名，那么表示这个类没有定义，可能性依然是没有定义这个类，或者拼写错误，或者大小写错误，或者缺少头文件，或者类的使用在声明之前（关联类、类定义）。
- 标识符遵循先声明后使用原则，所以无论是变量、函数名、类名都必须先定义，后使用。如使用在前，声明在后，就会引发这个错误。
- C 的作用域也会成为引发这个错误的陷阱，在花括号之内的变量不能在这个花括号之外使用，类、函数、if、do（while）、for 所引起的花括号都遵循这个规则（关联作用域）。
- 前面某句语句的错误也可能导致编译器误认为该语句有错，如果前面的变量定义语句有错误，编译器在后面的编译中会认为该变量从来没有定义过，以致后面所有使用这个变量的语句都报这个错误。如果函数声明语句有错误，那么将会引发同样的问题。

（7）error C2086: 'xxxx' : redefinition

编号：C2374。

直译："xxxx"重复声明。

错误分析：变量"xxxx"在同一作用域中定义了多次，检查"xxxx"的每一次定义，只保留一个或者更改变量名。

（8）error C2374: 'xxxx' : redefinition; multiple initialization

编号：C2374。

直译："xxxx"重复声明，多次初始化。

错误分析：变量"xxxx"在同一作用域中定义了多次，并且进行了多次初始化。检查"xxxx"的每一次定义，只保留一个或者更改变量名。

（9）C2143: syntax error : missing ';' before (identifier) 'xxxx'

编号：C2143。

直译：在标识符 "xxxx"前缺少分号。

错误分析：这是 VC6.0 编译期间最常见的误报，当出现这个错误时往往所指的语句并没有错误，而是它的上一个语句发生了错误。合适的做法是编译器报告在上一个语句的尾部缺少分号，上一个语句的如下几种错误都会导致编译器报出这个错误。

- 语句的末尾真的缺少分号，补上即可。
- 语句不完整，或者有明显的语法错误，或者根本不能作为一个语句（有时是无意中按键所致）。
- 如果发现发生错误的语句是cpp文件的第1行语句，在本文件中检查没有错误。但其使用双引号包含了某个头文件，那么检查这个头文件，在这个头文件的尾部可能有错误。

（10）error C4716: 'xxx' : must return a value

编号：C4716。

直译："xxx"必须返回一个值。

错误分析：函数声明了有返回值（不为 void），但函数实现中忘记了 return 返回值。如果函数确实没有返回值，则修改其返回值类型为 void；否则在函数结束前返回合适的值。

（11） warning C4508: 'main' : function should return a value; 'void' return type assumed

编号：C4508。

直译：main 函数应该返回一个值，void 返回值类型被假定。

错误分析：

- 函数应该有返回值，声明函数时应指定返回值的类型，确实无返回值的应将函数返回值声明为 void。若未声明函数返回值的类型，则系统默认为整型 int。此处的错误估计是在 main 函数中没有 return 返回值语句，而 main 函数要么没有声明其返回值的类型，要么已经声明。

- warning 类型的错误为警告性质的错误，并不一定有错。程序仍可以被成功编译和组建，但可能有问题和风险。

（12）warning C4700: local variable 'xxx' used without having been initialized

编号：C4700。

直译：警告局部变量 "xxx" 在使用前没有被初始化。

错误分析：这是初学者常见的错误，如以下程序段就会产生这样的警告。而且程序的确有问题，应加以修改，尽管编译、组建可以成功。若不修改，x 值无法确定，是随机的，判断其是否与 3 相同没有意义。可能在调试时结果正确，但更换计算机后运行则错误，。

```
int x;
if (x==3) printf("hello");
```

2. 常见组建错误

（1） error LNK2001: unresolved external symbol _main

编号：LNK2001。

直译：未解决的外部符号_main。

错误分析：缺少 main 函数，查看 main 的拼写或大小写是否正确。

（2） error LNK2005: _main already defined in xxxx.obj

编号：LNK2005。

直译：_main 已经存在于 xxxx.obj 中。

错误分析：直接的原因是该程序中有多个 main 函数，这是初学 C++的低年级同学在初次编程时经常犯的错误。这个错误通常不是在同一个文件中包含多个 main 函数，而是在一个工程中包含了多个 cpp 文件，而每个 cpp 文件中都有一个 main 函数。引发这个错误的过程一般是在创建第 2 个 C 文件时没有关闭原来的项目，所以无意中新的 C 文件添加到上一个程序所在的项目中。切换到 "File View" 视图，展开 "Source Files" 节点后会发现有两个文件。

在编写 C 程序时，一定要理解工作空间和工程。每一个程序都是一个工程，一个工程可以编译为一个应用程序（*.exe）或者一个动态链接库（*.dll）。通常每个工程下面可以包含多个.c 文件、.h 文件，以及其他资源文件。在这些文件中只能有一个 main 函数。

当完成一个程序后编写另一个程序之前，一定要选择 "文件"→"关闭工作空间" 命令，完全关闭前一个项目。避免这个错误的另一个方法是每次写完一个 C 程序后关闭 VC6.0，然后重写打开编写下一个程序。

1.3 实 验 部 分

1.3.1 实验 1：在 VC6.0 集成开发环境中新建一个简单 C 源程序

1. 目的

（1） 熟练掌握 VC6.0 编译系统的常用功能。

（2） 学会使用 VC6.0 编译系统创建、打开、编辑、保存，运行 C 程序。

（3） 熟练掌握 C 程序结构和语法规则。

2. 实验示例

【例 1-1】创建一个输出"Welcome to my world!"程序。

C 源程序（文件名：sylt1-1-1.c）：

```
#include<stdio.h>
void main()
{
printf("Welcome to my world!\n");
}
```

步骤如下。

（1） 打开 VC6.0 集成开发环境，如图 1-29 所示。

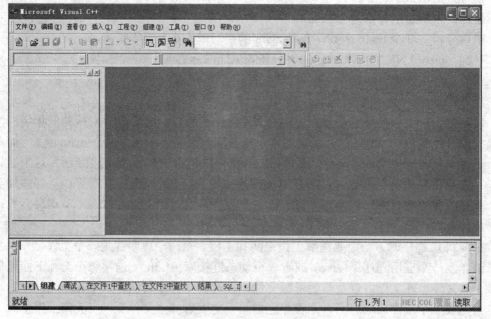

图 1-29 VC6.0 集成开发环境

（2）选择"文件"→"新建"命令，打开"新建"对话框，如图 1-30 所示。

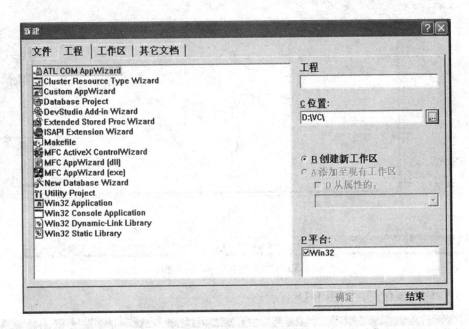

图 1-30 "新建"对话框

（3）打开"文件"选项卡，如图 1-31 所示。

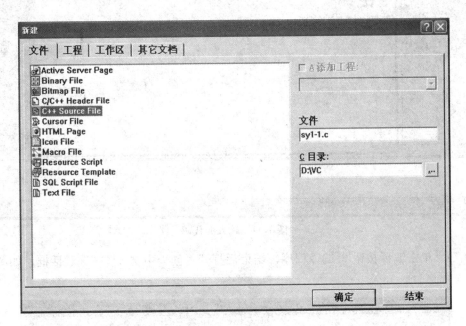

图 1-31 "文件"选项卡

（4）选择"C++ Source File"选项，在"文件名"文本框中输入"sy1-1.c"，并选择源程序路径，

（5）单击"确定"按钮，打开"创天中文 VC++"窗口，如图 1-32 所示。

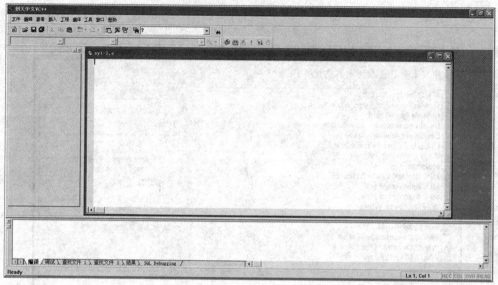

图 1-32 "创天中文 VC++"窗口

（6） 输入源代码，如图 1-33 所示。

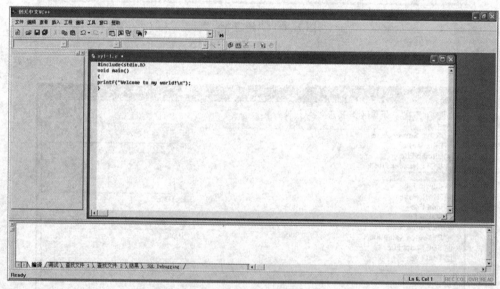

图 1-33 输入源代码

（7） 单击编译按钮 编译程序，结束后打开"创天中文 VC++"对话框，如图 1-34 所示。

图 1-34 "创天中文 VC++"对话框

（8） 单击"是"按钮，生成 sy1-1.obj 文件，如图 1-35 所示。

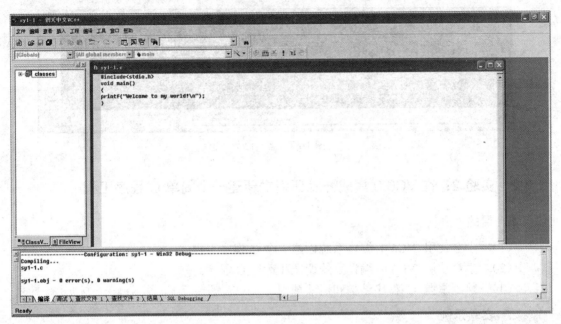

图 1-35　生成.obj 文件

（9） 单击组建按钮 检查连接（多文件工程时常用于检查文件间是否正常连接），在下端的输出窗口会有错误和警告的提示。如果没有错误，生成 sy1-1.exe 文件，如图 1-36 所示。

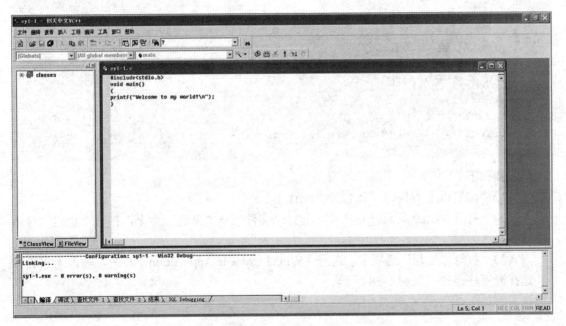

图 1-36　生成.exe 文件

（10）单击 ! 按钮或按 Ctrl+F5 组合键运行程序，运行结果如图 1-37 所示。

图 1-37　运行结果

1.3.2　实验 2：在 VC6.0 集成开发环境中新建一个简单 C 程序工程

1.　目的

（1）　学会使用 VC6.0 编译系统创建一个 C 程序工程。

（2）　学会使用 VC6.0 编译系统调试和运行 C 程序。

（3）　熟练掌握 C 程序结构和语法规则。

2.　实验示例

【例 1-2】输入两个数值，输出它们的差。

C 源程序（文件名：sylt1-1-2.c）：

```c
#include<stdio.h>
void main()
{
  int x,y,z;
  printf("输入 x 的值:\n");
  scanf("%d",&x);
  printf("输入 y 的值:\n");
  scanf("%d",&y);
  z=x-y;
  printf("%d 减 %d 的值为 %d\n",x,y,z);
}
```

步骤如下。

（1）　编写以上源代码，命名为"sylt1-1-2.c"。

（2）　打开 VC6.0 集成开发环境，选择"文件"→"新建"命令，打开"新建"对话框。

（3）　打开"工程"选项卡，选择"Win32 Console Application"命令，输入工程名称并选择源程序路径，如图 1-38 所示。

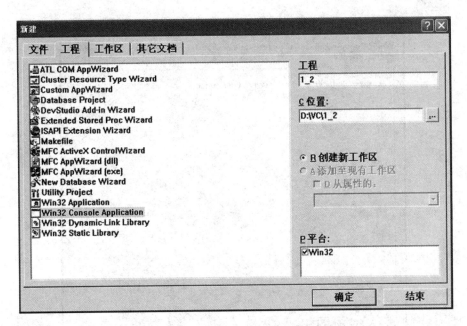

图 1-38　输入工程名称并选择源程序路径

（4）　单击"确定"按钮，打开"Win32 Console Application – 步骤 1 共 1 步"对话框，如图 1-39 所示。

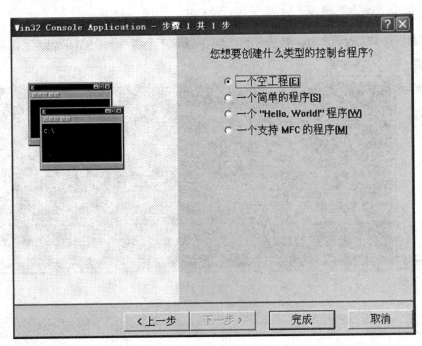

图 1-39　"Win32 Console Application – 步骤 1 共 1 步"对话框

（5）　选择"一个空工程"单选按钮，单击"完成"按钮，打开图 1-40 所示的"新建工程信息"对话框。

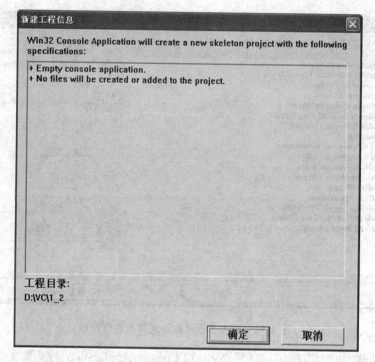

图 1-40　"新建工程信息"对话框

（6）单击"确定"按钮，建立一个工程文件，如图 1-41 所示。

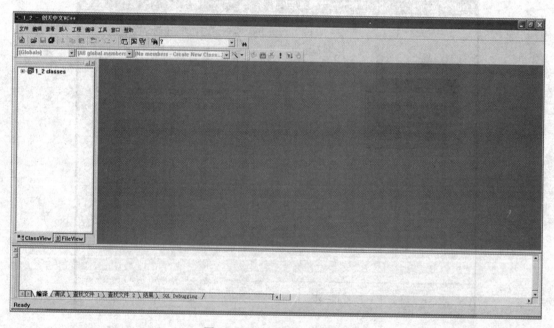

图 1-41　建立一个工程文件

（7）为将 sylt1-1-2.c 文件添加到工程目录下，选择"工程"→"添加到工程"→"文件"命令，打开"文件"对话框。

（8） 选择 sylt1-1-2.c 文件，单击"确定"按钮打开该文件，如图 1-42 所示。

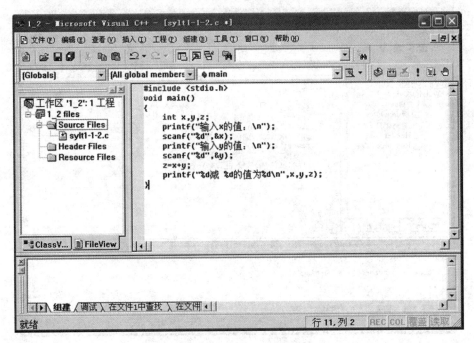

图 1-42　打开 sylt1-1-2.c 文件

（9） 单击工具栏中的编译按钮生成.obj 文件，如图 1-43 所示。

图 1-43　生成.Obj 文件

（10） 单击工具栏中的组建按钮![生成]生成.exe 文件，如图 1-44 所示。

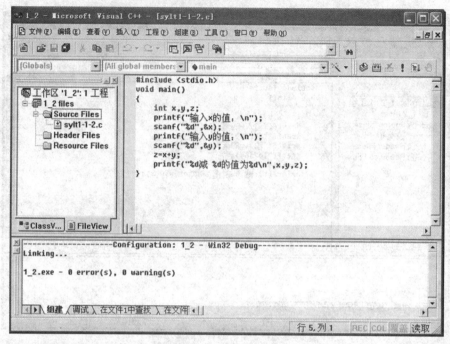

图 1-44　生成.exe 文件

（11） 单击工具栏中的运行按钮![运行]，运行可执行文件，运行界面如图 1-45 所示。

图 1-45　运行界面

（12） 输入第 1 个数字 9，按 Enter 键。

（13） 输入第 2 个数字 3，按 Enter 键，运行结果如图 1-46 所示。

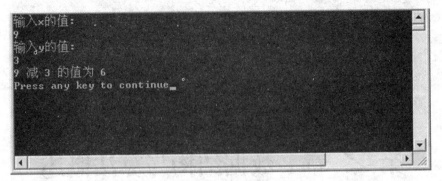

图 1-46　运行结果

1.4　习 题 解 答

1. 选择题

（1）～（5）C、D、C、B、D

2. 填空题

（1）　test.exe 和连接

（2）　函数和 main 函数

（3）　结构化程序设计

3. 简答题

略

第 2 章　数据结构与算法概述

2.1　知　识　介　绍

数据是信息的载体，是描述客观事物的数据、字符，以及所有能输入到计算机中并被计算机程序识别和处理的符号的集合。

在程序中要指定数据的类型和数据的组织形式，即数据结构（Data Structure）。它研究的是关系，即数据元素之间存在的一种或多种特定关系的集合。在程序中还要指定操作步骤，即算法（Algorithm）。

我们把数据结构分为逻辑结构和物理结构，前者指数据对象中数据元素之间的相互关系；后者指数据的逻辑结构在计算机中的存储方式。

4 大逻辑结构如下。

（1）　集合结构：其中的元素除了同属一个集合外，之间没有特别的关系。

（2）　线性结构：其中的元素有一对一的关系。

（3）　树形结构：其中的元素有一对多的层次关系。

（4）　图形结构：其中的元素是多对多的关系。

物理结构指数据元素在计算机存储器中的存储形式，主要相对内存而言，硬盘、软盘、光盘等外部存储器的数据组织常用文件结构来描述。数据元素的存储结构形式主要有顺序存储和链式存储，前者把数据元素存放在地址连续的存储单元中，数据间的逻辑关系和物理关系一致，如数组；后者把数据元素放在任意的存储单元中，这组存储单元可以是连续的或非连续的。

线性表（Linear List）是数据结构的一种，一个线性表是 n 个具有相同特性的数据元素的有限序列。数据元素是一个抽象的符号，其具体含义在不同的情况下一般不同。

栈作为一种数据结构，是一种只能在一端进行插入和删除操作的特殊线性表。它按照先进后出的原则存储数据，先进入的数据被压入栈底。最后进入的数据被压在栈顶，需要读数据时从栈顶开始弹出数据（最后一个数据被第 1 个读出）。栈具有记忆作用，其插入与删除操作不需要改变栈底指针。

队列是一种特殊的线性表，只允许在表的前端（Front），即队头执行删除操作；在表的后端（Rear），即队尾执行插入操作。和栈一样，队列是一种操作受限制的线性表。队列中没有元素时称为"空队列"，队列中的数据元素称为"队列元素"。在队列中插入一个队列元素称为"入队"，从队列中删除一个队列元素称为"出队"。因为队列只允许在一端插入，在另一端删除，所以只有最早进入队列的元素才能最先从队列中删除，故队列又称为"先进先出（First In First Out，FIFO）线性表"。

树（Tree）是包含 n（$n>=0$）个节点的有穷集，其中每个元素称为"节点"（Node），有一个特定的节点称为"根节点"或"树根"（Root）。

除根节点之外的其余数据元素被分为 m（$m\geq0$）个互不相交的集合 T_1，T_2，……，T_{m-1}，其中每一个集合 T_i（$1<=i<=m$）本身也是一棵树，被称为"原树的子树"（Subtree）。

图（Graph）是由顶点的有穷非空集合和顶点之间边的集合组成，通常表示为 $G(V,E)$。其中 G 表示一个图，V 是图 G 中顶点的集合；E 是图 G 中边的集合。

说明如下。

（1）图中数据元素称为"顶点"（Vertext）。

（2）在图中不允许没有顶点，若 V 是图的顶点集合，那么 V 是非空有穷集合。

（3）图的任意两个顶点之间都可能有关系，用边来表示，边集可以为空。

为解决一个问题而采取的方法和步骤称为"算法"，计算机算法是其能够执行的算法，可分为如下两大类。

（1）数值运算算法：求解数值。

（2）非数值运算算法：运用在事务管理领域。

算法包括如下 5 个主要的性质。

（1）有穷性：一个算法应包含有限的操作步骤，而不能是无限的。

（2）确定性：算法中每一个步骤应当是确定的，而不应当是含糊和模棱两可的。

（3）输入：有零个或多个输入。

（4）输出：有一个或多个输出。

（5）有效性：算法中每一个步骤应当能有效地执行，并得到确定的结果。

算法的描述建立在语言基础之上，在将算法转化为高级语言源程序之前通常先采用文字或图形工具来描述。文字工具如自然语言和伪代码等，图形工具如流程图和 N-S 流程图等，也可以直接使用程序设计语言来描述。

一个算法的优劣可以用空间复杂度与时间复杂度来衡量，前者指依据算法编写程序后在计算机中运行时所耗费的时间大小；后者指依据算法编写成程序后在计算机中运行时所需的空间大小。

2.2 习题解答

1. 选择题

（1）～（5）B、B、D、C、D

2. 填空题

（1） 127。

解读与点评：由程序框图知循环体被执行后 a 的值依次为 3、7、15、31、63、127，故输出的结果是 127。

（2） 30。

解析：按照程序框图依次执行为 $S=5$，$n=2$，$T=2$；$S=10$，$n=4$，$T=2+4=6$；$S=15$，$n=6$，$T=6+6=12$；$S=20$，$n=8$，$T=12+8=20$；$S=25$，$n=10$，$T=20+10=30>S$，输出 $T=30$。

解读与点评：本题主要考查循环结构的程序框图，一般可以反复执行运算直到满足条件结束。本题中涉及 3 个变量，注意每个变量的运行结果和执行情况。

3. 解答题

（1） 数据结构是一门研究非数值计算的程序设计中计算机的操作对象及其之间关系和操作等的学科。数据的逻辑结构是指数据元素之间的逻辑关系，它只抽象地反映数据元素间的相互关系，而不考虑数据在计算机中的具体存储方式，是独立于计算机的。逻辑结构的 4 种基本结构是集合结构、线性结构、树形结构和图状结构。

数据的存储结构是指数据在存储器中的存储方式，也可以说是逻辑结构在计算机存储设备中的物理实现，有时也被称为"数据的物理结构"。数据存储结构的基本组织方式有顺序存储结构和链式存储结构。

（2） 解答如下。

- 输入：一个算法必须有零个或一个以上输入量。
- 输出：一个算法应有一个或多个输出量，输出量是算法计算的结果。
- 明确性：算法的描述必须无歧义，以保证算法的实际执行结果精确地符合要求或期望，通常要求实际运行结果是确定的。
- 有限性：依据图灵的定义，一个算法是能够被任何图灵设备系统模拟的一串运算。而图灵机只有有限个状态、有限个输入符号和有限个转移函数（指令），而一些定义更规定算法必须在有限个步骤内完成任务。
- 有效性：又称"可行性"，能够实现算法中描述的操作都是可以通过已经实现的基本运算执行有限次来实现。

（3） 可以构成 5 种二叉树，如图 2-1 所示。

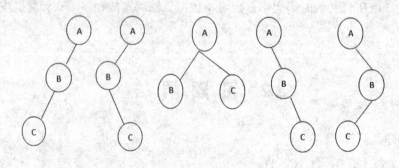

图 2-1　二叉树

（4） 解答如下。

• 自然语言描述步骤如下。

输入正整数 n，赋值变量 k 等于 2。

变量 k 自加 1。

当 k 不能整除 n 时，返回执行上一步。

判断 k 是否等于 n，如果是，执行下一步；否则执行最后一步。

输出 n 是素数。

输出 n 不是素数。

• 伪代码描述如下：

```
BEGIN
    input n;  /*输入正整数n*/
    k←2;
    while  (n mod k ≠0)  do
    {
        k← k+1;
    }
    if  (k=n)
      then print "n是素数"
      else print "n不是素数"
END
```

传统流程图描述如图 2-2 所示。

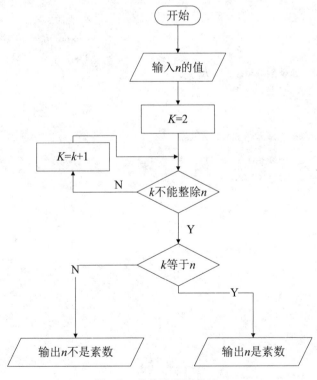

图 2-2　传统流程图描述

N-S 流程图描述如图 2-3 所示。

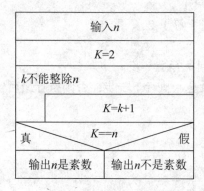

图 2-3　N-S 流程图描述

C 语言代码描述如下。

C 源程序（文件名 xt2-1.c）：

```
#include <stdio.h>
int main()
{
  int n,k;
  printf("请输入n:");
  scanf("%d",&n);
  k=2;
  while (n % k)
    k++;
  if (k==n)
  {
    printf("%d是素数。\n",n);
  }
  else
  {
    printf("%d不是素数。\n",n);
  }
}
```

第3章 基本数据类型、运算符和表达式

3.1 知 识 介 绍

1. C 语言的数据类型

C 语言中基本的数据类型有 3 种，即整型（int）、实型（单精度浮点型 float 和双精度浮点型 double）和字符型（char）。

（1）整型（int）可以用十进制、八进制和十六进制 3 种形式来表示，如 59、+23 和 -97 是合法的十进制整数；024 是合法的八进制整数，078 是一非法的八进制整数；0x1f 是合法的十六进制整数。

（2）实型：分为单精度浮点型 float 和双精度浮点型 double，实型数据只能采用十进制，有十进制小数形式和指数形式两种表达形式。例如，0.89、12.、-2.5f、1E3、-2 和 5E-6 都是合法的实数。

（3）字符型：用于存储字符，字符型数据有两种形式，一是用一对单引号括起的单个（不能是多个）字符；另一种是转义字符，即以反斜杠"\"开头的特殊字符。例如，'a'、'0'、'\t'和'\n'都是合法字符。

2. 标识符与关键字

（1）标识符：一个名称，用来表示变量、常量、函数、类型，以及文件等的名字。标识符只能由字母、数字或下画线组成，并且第 1 个字符不能是数字。命名标识符时最好能做到"见名知意"，如_12、max 和 min_a_9 是合法的标识符，而 n-12 和 2a 是不合法的标识符。

（2）关键字：C 语言保留、具有特定含义且不能用做其他用途的一批标识符，如 int、float、double 和 char 等。

3. 常量与符号常量

常量是指在程序运行过程中其值不能改变的量，又分为直接常量和符号常量。

（1）直接常量：可分为整型常量、实型常量、字符常量和字符串常量，如 20、1.2f、

3.4、'a'和 " ecjtu " 都是合法的直接常量。

（2） 符号常量：可以用一个标识符来表示的一个常量，它是一种特殊的常量，在使用之前必须先定义，其定义格式如下：

```
#define  标识符  常量
```

例如：

```
#define PI 3.141 5926
```

4. 变量

变量指在程序的运行过程中其值可以改变的量，它实质上代表计算机中的一个存储单元，用来存放数据。

（1） 变量的定义：C 语言规定变量必须先定义，后使用，定义格式如下：

```
数据类型 变量名 1[，变量名 2，…];
```

例如：

```
double length;  /*定义了 1 个双精度型变量 length*/
int i, j;       /*定义了 2 个整型变量 i 和 j*/
```

（2） 变量的初始化。

在定义变量时可根据需要赋予它一个初始值，即变量的初始化，一般格式如下：

```
数据类型 变量名 1[=初值 1][，变量名 2][=初值 2]…];
```

例如：

```
char ch='0'    /*4 初始化 ch, ch 的初值为字符'0'*/
```

5. 运算符

运算符是表示某种操作的符号，操作的对象为操作数。根据运算符所操作的操作数个数，可把运算符分为单目运算符、双目运算符和三目运算符。

C 语言运算符分为以下类型。

（1） 算术运算符：+、-、*、/、%。

（2） 关系运算符：>、<、==、>=、<=、!=。

（3） 逻辑运算符：!、&&、||。

（4） 位运算符：<<、>>、~、|、^、&。

（5） 赋值运算符：=、+=、-=、*=、/=、%=。

（6） 条件运算符：?:。

（7） 逗号运算符：,。

（8） 指针运算符：*、&。

（9） 求字节运算符：sizeof。

（10） 分量运算符：.、->。

（11） 下标运算符：[]。

（12） 强制类型转换运算符：（类型名）（表达式）。

（13） 其他：如函数调用运算符（）。

6. 表达式

用运算符把操作数按照 C 语言的语法规则连接起来的式子即表达式。

7. 运算符的优先级及结合性

（1） 运算符的结合性：C 语言中各运算符的结合性分为左结合性（自左至右）和右结合性（自右至左），多数运算符具有左结合性；单目运算符、三目运算符、赋值运算符具有右结合性。

（2） 运算符的优先级：在表达式中优先级较高的先于优先级较低的运算。一个运算量两侧的运算符优先级相同时，则按运算符的结合性所规定的结合方向处理。一般而言，单目运算符优先级较高，赋值运算符优先级低，逗号运算符优先级最低；算术运算符优先级较高；关系和逻辑运算符优先级较低。

C 语言中常用运算符的优先级和结合性如表 3-1 所示。

表 3-1 运算符的优先级和结合性

优先级	运 算 符	含 义	结合性	说 明
1	()	函数调用运算符	左结合	双目运算符
2	-（取负运算）、++（自增运算符）、--（自减运算符）	算术运算符	右结合	双目运算符
	（类型名）（表达式）	强制类型转换		
	!	逻辑非运算符		
	sizeof	求字节运算符		
	~（按位取反）	位运算符		
3	*（乘法）、/（除法）、%（求余）	算术运算符	左结合	双目运算符
4	+（加法）、-（减法）	算术运算符	左结合	双目运算符
5	<<（左移）、>>（右移）	位运算符	左结合	双目运算符
6	>（大于）、>=（大于等于）、<（小于）、<-（小于等于）	关系运算符	左结合	双目运算符
7	==（等于）、!=（不等于）			
8	&（按位与）	位运算符	左结合	双目运算符
9	^（按位异或）			
10	|（按位或）			
11	&&（逻辑与运算）	逻辑运算符	左结合	双目运算符
12	||（逻辑或运算）			
13	?:	条件运算符	右结合	双目运算符
14	=、+=、-=、*=、/=、%=	赋值运算符	右结合	双目运算符
15	,	逗号运算符	左结合	双目运算符

8. 表达式的书写规则

（1） 所有括号全部使用圆括号，没有小括号、中括号，以及大括号之分。

（2） 表达式中的乘号不能省略。

（3） 表达式中各操作数和运算符应在同一水平线上，没有上下标和高低之分。

例如：$\dfrac{-b \pm \sqrt{b^2 - 4ac}}{2a}$ 正确的 C 语言表达式为(-b+sqrt(b*b-4*a*c))/(2*a)。

9. 数据类型的转换

C 语言的数据类型转换可以归纳为如下 3 种方式。

（1） 数据类型自动转换。

数据类型的自动转换规则如图 3-1 所示。

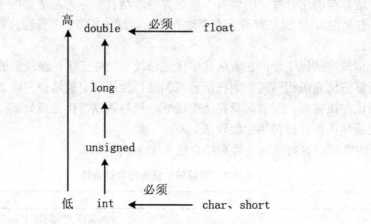

图 3-1 数据类型自动转换规则

例如，'a'+2+3.0 的计算结果为 102.0，数据类型是 double 类型。

（2） 赋值转换：把赋值运算符右侧表达式的类型转换为左侧变量的类型。

例如，语句 char *ch*=97；将字符'a'赋给变量 *ch*。

（3） 强制类型转换。

一般格式为：

（类型说明符）（表达式）

功能：把表达式的运算结果强制转换成类型说明符所表示的类型。

例如：

```
int a=5;
    （float）a;    /*把变量 a 的值转换为实型*/
```

3.2 实 验 部 分

3.2.1 实验 1：数据类型的应用

1. 目的

（1） 掌握 C 语言数据类型的种类和作用，熟悉如何定义一个整型、字符型和实型的
变量，以及为它们赋值的方法。

（2）掌握不同类型数据之间的赋值。

（3）灵活运用各种运算符及其表达式。

（4）熟悉 C 程序的结构特点，学习简单程序的编写方法。

2. 实验示例

【例 3-1】阅读以下程序，写出程序的运行结果。

C 源程序（文件名 sylt3-1-1.c）：

```
#include<stdio.h>
void main()
{
  long x,y;
  int a,b,c,d;
  x=5;
  y=6;
  a=7;
  b=8;
  c=x+a;
  d=y+b;
  printf("c=x+a=%d,d=y+b=%d\n",c,d);
}
```

运行结果如图 3-2 所示。

```
c=x+a=12,d=y+b=14
Press any key to continue
```

图 3-2　运行结果

程序分析：从程序中可以看到 x 和 y 是长整型变量，a 和 b 是基本整型变量。它们之间允许执行运算，运算结果为长整型。但 c 和 d 被定义为基本整型，因此最后结果为基本整型。本例说明不同类型的量可以参与运算并相互赋值，其中的类型转换由编译系统自动完成。

【例 3-2】阅读以下程序，写出程序的运行结果。

C 源程序（文件名 sylt3-1-2.c）：

```
#include<stdio.h>
#define PRICE 30
void main()
{
int num,total;
num=10;
total=num*PRICE;
printf("total=%d",total);
}
```

运行结果如图 3-3 所示。

```
total=300
Press any key to continue
```

图 3-3　运行结果

程序分析：命令行#define PRICE 30 定义了 PRICE 是符号常量，值是 30。因此语句 total=num*PRICE 可以表示为 total=10*30=300。注意命令行#define total 30 后面不能加分号，并且程序中不可以再为 N 赋值；否则程序在编译时会出错。

【例 3-3】阅读以下程序，写出程序的运行结果。

C 源程序（文件名 sylt3-1-3.c）：

```
#include<stdio.h>
#include<math.h>
void main()
{
  int k1,k2,x,y;
  k1=k2=10;
  x=k1++;y=++k2;
  printf("k1=%d,k2=%d,x=%d,y=%d\n",k1,k2,x,y);
  k1=k2=10;
  x=--k1;y=k2--;
  printf("k1=%d,k2=%d,x=%d,y=%d\n",k1,k2,x,y);
}
```

运行结果如图 3-4 所示。

```
k1=11,k2=11,x=10,y=11
k1=9,k2=9,x=9,y=10
Press any key to continue
```

图 3-4　运行结果

程序分析：++k（或--k）是前置形式，k 增（减）值 1 后赋值给表达式，k 在这个过程中加（减）1；k++（或 k--）是后置形式，赋值给表达式后增（减）值。k 在这个过程中加（减）1，所以第 1 次输出的结果是 $k1=11$，$k2=11$，$x=10$，$y=11$；第 2 次输出的结果是 $k1=9$，$k2=9$，$x=9$，$y=10$。

【例 3-4】编程验证八进制整数 0177501 与-0277 都表示十进制数-191，十六进制整数 0xFFF1 与-0xF 都表示十进制数-15。

C 源程序（文件名 sylt3-1-4.c）：

```
#include<stdio.h>
void main()
{
  short m=0177501,n=-0277,x=0xFFF1,y=-0xF;
  printf("m=%d,n=%d",m,n);
  printf("\n");
```

```
printf("X=%d,y=%d",x,y);
printf("\n");
}
```

运行结果如图 3-5 所示。

```
m=-191,n=-191
X=-15,y=-15
Press any key to continue
```

图 3-5 运行结果

程序分析：八进制数 0177501 对应的二进制补码为 00111111101000001，但由于变量 *m* 是短整型，只能保存最右端的 16 位二进制数，因此变量 *m* 中保存的二进制数为 1111111101000001，这正是十进制数-191 的补码。而 *n*=-0277 的原码为 1000000010111111，其补码也是二进制数 1111111101000001。故 *m* 和 *n* 的值等价于十进制数-191；同理。变量 *x* 和 *y* 保存的数据的二进制补码都是 1111111111110001，这也是十进制数-15 的补码，因此变量 *x* 和 *y* 的值等价于十进制数-15。

3. 上机实验

（1）编程求一元二次方程 ax^2+bx+c 的根（假定 a=4、b=-40、c=91）。

（2）编程求 2/3+5/6+2/7 的和。

（3）从键盘输入一个大写字母，改用小写字母输出。

（4）从键盘上输入三角形的三条边 a，b，c 的值（假定它们能构成三角形），计算三角形的面积并输出，结果取两位小数。

4. 上机思考

运行下面程序，分析运行结果指出程序中存在的问题并改正：

```
#include<stdio.h>
void main()
{
int a,b,s;
a=3;
s=a+b;
printf("a=%d,b=%d",a,b);
printf("s=%d\n",s);
printf("\n");
}
```

3.2.2 实验参考

1. 实验1：上机实验题参考

（1）编程求一元二次方程 ax^2+bx+c 的根（假定 a=4、b=-40、c=91）。

算法分析：由 $b*b-4*a*c>0$ 可知方程有两个不等的实根，对于有两个不等实根的一元二次方程，可以通过求根公式 $x_{1,2} \dfrac{-b \pm \sqrt{b^2-4ac}}{2a}$ 得到。

C 源程序（文件名 sysj3-1-1.c）：

```c
#include<stdio.h>
#include<math.h>
void main()
{
    double a=4,b=-40,c=91;
    double x1,x2,d;
    d=sqrt(b*b-4.0*a*c);
    x1=(-b+d)/(2.0*a);
    x2=(-b-d)/(20*a);
    printf("x1=%f,x2=%f\n",x1,x2);
}
```

运行结果如图 3-6 所示。

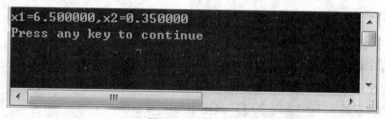

图 3-6 运行结果

（2） 编程求 2/3+5/6+2/7 的和。

算法分析：由于 C 语言规定两个整型数字相除结果仍然为整型，因此为了得到正确的结果，应将任意一个整型操作数强制转换成实型后执行除法操作。

C 源程序（文件名 sysj3-1-2.c）：

```c
#include<stdio.h>
void main()
{
    float s;
    s=2.0f/3+5.0f/6+2.0f/7;
    printf("s=%f\n",s);
}
```

运行结果如图 3-7 所示。

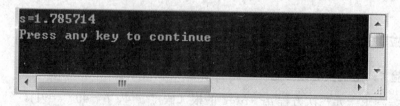

图 3-7 运行结果

（3） 从键盘输入一个大写字母，改用小写字母输出。

算法分析：大写字母和小写字母 ASCII 码值相差 32。

N-S 流程图如图 3-8 所示。

输入任意一个大写字母 $c1$
$c2=c1+32$
输出大写字母 $c2$

图 3-8　N-S 流程图

C 源程序（文件名 sysj3-1-3.c）：

```c
#include<stdio.h>
void main()
{
  char c1,c2;
  printf("请输入一个大写字母:");
  c1=getchar();
  printf("\n%c,%d\n",c1,c1);
  c2=c1+32;
  printf("\n%c,%d\n",c2,c2);
}
```

运行结果如图 3-9 所示。

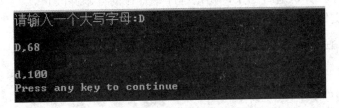

图 3-9　运行结果

（4） 在键盘上输入三角形的 3 条边 a、b 和 c 的值（假定它们能构成三角形），计算三角形的面积并输出，结果取两位小数。

算法分析：利用公式 $area=\sqrt{s(s-a)(s-b)(s-c)}$ 计算三角形面积，其中 $s=\dfrac{a+b+c}{2}$

N-S 流程图如图 3-10 所示。

输入三角形三条边 a、b 和 c 的值
$s=(a+b+c)/2.0$
$area=sqrt(s*(s-a)*(s-b)*(s-c))$
输出三角形面积

图 3-10　N-S 流程图

C 源程序（文件名 sysj3-1-4.c）：

```
#include<stdio.h>
#include<math.h>
void main()
{
   float a,b,c,s,area;
   printf("输入三角形的三条边:\n");
   scanf("%f%f%f",&a,&b,&c);
   s=(a+b+c)/2.0;
   area=sqrt(s*(s-a)*(s-b)*(s-c));
   printf("area=%.2f\n",area);
}
```

运行结果如图 3-11 所示。

图 3-11　运行结果

2.　实验 1：上机思考题参考

运行下面程序，分析运行结果，指出程序中存在的问题并改正。

C 源程序（文件名 sysk3-1-1.c）：

```
#include<stdio.h>
void main()
{
   int a,b,s;
   a=3;
   s=a+b;        /*b 变量没有赋初值，则系统给与随机值 */
   printf("a=%d,b=%d",a,b);
   printf("s=%d\n",s);
   printf("\n");
}
```

运行结果如图 3-12 所示。

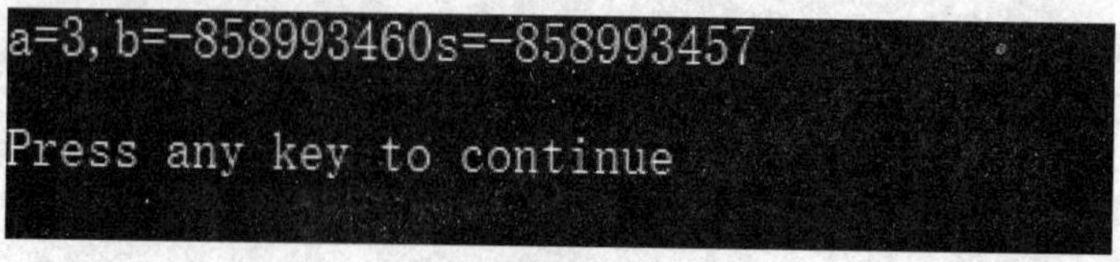

图 3-12　运行结果

调试方法：关闭运行窗口，启动单步运行程序。使用快捷键 F10 执行单步调试，如图 3-13 所示。

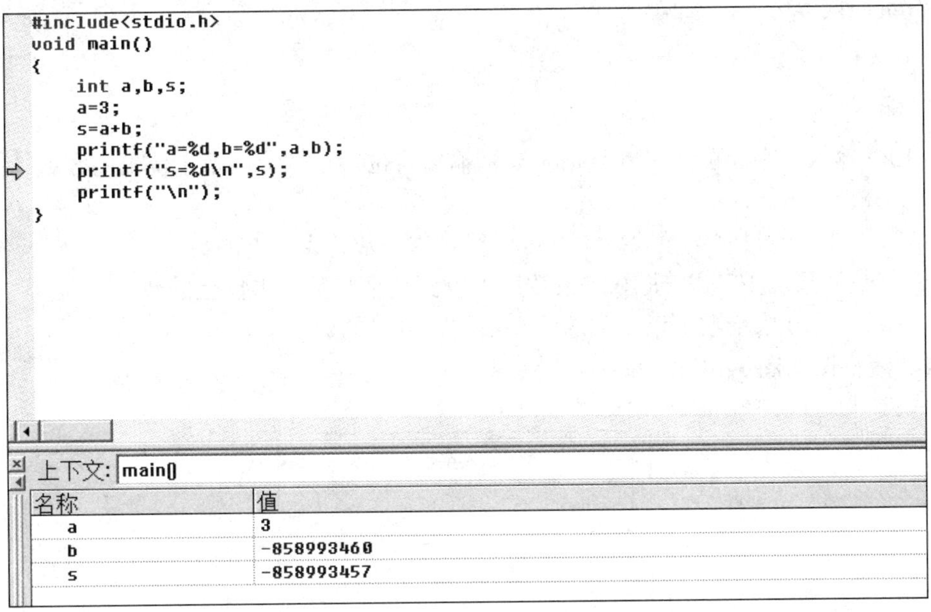

```
#include<stdio.h>
void main()
{
    int a,b,s;
    a=3;
    s=a+b;
    printf("a=%d,b=%d",a,b);
    printf("s=%d\n",s);
    printf("\n");
}
```

上下文: main()

名称	值
a	3
b	-858993460
s	-858993457

图 3-13　单步调试

单步执行语句 s=a+b 后，从变量窗口的变量值可知变量 s 已经被赋值为 3。但变量 b 和 s 未成功赋值，原因是在使用变量 b 之前没有为其赋值。因此若在语句 a=3;后面添加一条赋值语句 b=2;，则修改后的程序运行结果为：

```
a=3，b=2
s=5
```

3.3　习 题 解 答

1．选择题

（1）～（5）A、A、B、B、C

（6）～（10）A、B、C、B、D

2．填空题

（1）　2.5

（2）　1、0、1、1

（3）　18、3、3

（4）　A、B、D、G

（5）　3.5

（6）　A、G、I

（7）　12、12

（8）　4.0

（9） 10、6

（10） int

3. 编程题

（1） 输入一个 3 位十进制整数，分别输出百位、十位，以及个位上的数。算法分析如下。

- 一个 3 位十进制整数除以 100 可以得到这个数的百位上的数。
- 整数先除以 10，再对 10 求余数可以得到这个整数的十位上的数。
- 整数对 10 求余数可以得到这个整数的个位上的数。

N-S 流程图如图 3-14 所示。

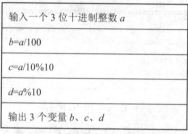

输入一个 3 位十进制整数 a
$b=a/100$
$c=a/10\%10$
$d=a\%10$
输出 3 个变量 b、c、d

图 3-14 N-S 流程图

C 源程序（文件名 xt3-1.c）：

```c
#include<stdio.h>
void main()
{
    int a,b,c,d;
    printf("输出一个3位十进制整数:\n");
    scanf("%d",&a);
    b=a/100;
    c=a/10%10;
    d=a%10;
    printf("百位数：%d\n十位数：%d\n个位数：%d\n",b,c,d);
}
```

运行结果如图 3-15 所示。

```
输出一个3位十进制整数:
517
百位数：5
十位数：1
个位数：7
Press any key to continue
```

图 3-15 运行结果

（2） 要将"china"译成密码，密码规律是用原来的字母后面第 4 个字母代替原来的字母。例如，用字母"a"后面第 4 个字母"e"代替"a"，因此"china"应译为"glamre"。

算法分析：定义 5 个字符型变量，只要变量的值加 4 即可。即用复制赋初值的方法使 c_1、c_2、c_3、c_4、c_5 共 5 个变量的值分别为'c''h''i''n''a'，经过运算后，使 c_1、c_2、c_3、c_4、c_5 分别变为'g''l''m''r''e'并输出。

C 源程序（文件名 xt3-2.c）：

```c
#include <stdio.h>
int main()
{
    char c1 = 'C';
    char c2 = 'h';
    char c3 = 'i';
    char c4 = 'n';
    char c5 = 'a';
    c1 = c1 + 4;
    c2 = c2 + 4;
    c3 = c3 + 4;
    c4 = c4 + 4;
    c5 = c5 + 4;
    printf("密码是: %c%c%c%c%c\n",c1,c2,c3,c4,c5);

}
```

运行结果如下：

```
密码是：glmre
```

第**4**章 顺序结构

4.1 知 识 介 绍

　　顺序结构是程序设计语言最基本的结构，其中包含的语句按照书写的顺序执行并且每条语句都将被执行。其他结构可以包含顺序结构，也可以作为顺序结构的组成部分。

　　在 C 语言中无论是运算操作还是流程控制都是由相应的语句完成的，C 语言的基本语句可以分为以下 5 类：

　　（1）表达式语句。

　　由表达式加上分号";"组成的语句称为"表达式语句"，如：

```
 x=a+b;  /*赋值表达式语句*/
 a+b;    /*加法运算语句，但计算结果不能保留，无实际意义*/
  i++;   /*自增语句，i 值增加 1*/
```

　　（2）函数调用语句。

　　由函数名、实际参数加上分号";"组成，如：

```
printf("Hello! ");        /*调用数据输出函数，输出字符串*/
```

　　（3）空语句。

　　单独一个分号";"构成的语句称为"空语句"，是不执行任何操作的语句。程序中的空语句有时用来作为流程的转向点（流程从程序其他地方转到此语句处），也可用来作为空循环体。

　　（4）复合语句。

　　C 语言规定";"作为语句的结束符，无论将语句书写在一行还是多行中，均按";"来分割不同的语句。把多个语句用括号{}括起来组成的一个语句称为"复合语句"，在语法上应将其看成是单条语句，而不是多条语句。复合语句也可以嵌套。

　　（5）控制语句。

　　控制语句用于控制程序的流程，以实现程序的各种结构方式。它们由特定的语句定义符组成。C 语言有 9 种控制语句。可分成如下 3 类。

- 条件判断语句：if 和 switch 语句。
- 循环执行语句：do while、while 和 for 语句。
- 转向语句：break、goto、continue 和 return 语句。

C 语言的输入/输出操作通过调用库函数来实现，在调用这些输入/输出函数时，文件开头需要用编译预处理命令：

```
#include <stdio.h>
```

（1）格式化输入函数 scanf()。

scanf()函数的功能是接收从键盘上输入的数据，输入的数据按指定的输入格式被赋给相应的输入项，其基本格式为：

```
scanf("格式控制",地址列表);
```

"格式控制"以"%"开头，后边跟格式符。例如，"%d"表示按整型数据输入，"%f"表示按实型数据输入，"%c"表示按字符型数据输入；"地址列表"给出各变量的地址，由地址运算符"&"加变量名组成。在输入多个数据时要注意输入数据间的间隔符，如：

```
scanf("%d,%d",&a,&b);  /*从键盘上输入两个数，以逗号间隔*/
scanf("%d%d",&a,&b);   /*从键盘上输入两个数，用空格或 Enter 键间隔*/
```

（2）格式化输出函数 printf()。

printf()函数的功能是向计算机系统默认的输出设备（一般指终端或显示器）输出一个或多个任意类型的数据，其基本格式为：

```
printf (格式控制,输出列表);
```

"格式控制"用于指定输出格式，由格式字符串、非格式字符串和转义字符组成。与 scanf 函数类似，由%与格式符组成的格式说明符作用是将数据转成指定的格式输出，如"%d"表示按整型数据输出，"%f"表示按实型数据输出，"%c"表示按字符型数据输出。非格式字符串按原样输出；"输出列表"是需要输出的数据，可以是常量、变量、表达式和函数返回值等。如果有多个输出项，则以逗号分隔，如：

```
printf("%d, %c",a, b);  /*格式字符串，输出一个整型变量和一个实型变量*/
printf("Hello! ");      /*非格式字符串，直接输出此语句*/
```

（3）字符输入函数 getchar()。

```
getchar()函数的功能是从系统默认的输入设备（如键盘）接收一个字符，其基本格式为：
getchar();
例如：
ch=getchar( );          /*从键盘读入一个字符给字符变量 ch*/
```

（4）字符输出函数 putchar()。

putchar()函数的作用是向终端输出一个字符，其基本格式为：

```
putchar(ch);  /* ch 是一个字符变量或常量*/
```

例如：

```
putchar(ch);            /*输出字符变量 ch*/
putchar('A');           /*输出字母 A*/
```

1. 输出数据格式控制

scanf()函数的"格式控制"以"%"开头，后边跟多种格式符，说明如下。

（1）可以指定输入数据所占的列数，系统自动按其截取所需数据，如：

```
scanf("%3d,%3d",&a,&b);
```

输入：12345678↙

结果完成变量赋值，即 a=123，b=456。

（2）在%后有一个"*"，表示跳过它指定的列数，如：

```
scanf("%*3d%2d%3d",&a,&b);
```

输入：12345678↙

结果完成变量赋值，即 a=45，b=678。

2. 输出数据格式控制

printf()函数除了基本的格式控制外，还可以用下面的一些格式符和附加字符控制输出格式。

（1）%md：用于指定输出数据的宽度，如果数据的实际位数<m，则在左端补齐空格；如果数据的实际位数>m，则按实际位数输出，如：

```
printf("%3d, %3d",a, b);
```

如果 a=12 且 b=4567，则输出结果为 12 和 4567。

（2）%$m.nf$：用于指定输出的实数共占 m 列，其中有 n 位小数。如果数值长度<m，则在左端补齐空格，如：

```
printf("%8.2f",a);
```

如果 a=123.456，则输出结果为 123.46。

（3）可以以不同的进制形式输出整数，如：

```
printf("%o",a);   /*以八进制整数形式输出 a*/
printf("%x",a);   /*以十六进制整数形式输出 a*/
printf("%u",a);   /*以无符号的十进制整数形式输出 a*/
```

4.2 实 验 部 分

4.2.1 实验 1：简单 C 程序编程

1. 目的

（1）掌握 C 语言顺序结构程序设计。

（2）掌握 scanf()、printf()、getchar()和 putchar()函数的使用方法。

（3）掌握各种类型数据的输入/输出的方法，能正确使用各种格式转换符。

（4） 初步理解算法和结构化程序设计的基本概念。

2.　实验示例

【例 4-1】输入一个 3 位整数并反向输出，如输入 127，输出为 721。

算法分析：需要借助 3 个变量，分别求出个位、十位和百位数字，然后重新组合求出结果。

N-S 流程图如图 4-1 所示。

定义变量 d、x、y、z
printf(" 请输入一个三位整数：");
输入 d 的值
$x=d/100;$
$y=d/10\%10;$
$z=d\%10;$
输出结果

图 4-1　N-S 流程图

C 源程序（文件名 sylt4-1.c）：

```
#include<stdio.h>
void main()
{
   int d,x,y,z;
   printf("请输入一个三位整数：");
scanf("%d ",&d);
x=d/100;      /*取出 d 的百位数字*/
y=d/10%10;       /*取出 d 的十位数字*/
z=d%10;       /*取出 d 的个位数字*/
   printf("反向输出的结果为%d%d%d\n", z,y,x);
}
```

运行结果如下：

请输入一个三位整数：476✓
反向输出的结果为 674

说明如下。

（1） 注意 scanf 和 printf 的格式控制，要用双引号将格式控制中的字符串括起来，输出转义字符要用反斜杠构成正确的转义字符。

（2） 注意 scanf 的格式控制与键盘输入相对应，后面的变量要加地址符 "&"。

（3） 注意 scanf 和 printf 的格式声明，不同类型的数据应使用不同的格式声明。例如，不能用%d 输出/输入实型数据或用%s 输出字符型数据等。

【例 4-2】假设某一学习小组有 5 个学生，请编写程序读入他们某门课程的成绩，并输出 5 人的平均成绩（要求保留一位小数）。

算法分析：在 printf()函数中指定输出的宽度和精度实现保留 2 位小数。

N-S 流程图如图 4-2 所示。

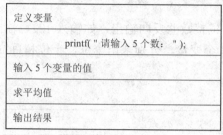

| 定义变量 |
| printf(" 请输入 5 个数： "); |
| 输入 5 个变量的值 |
| 求平均值 |
| 输出结果 |

图 4-2　N-S 流程图

C 源程序（文件名 sylt4-2.c）：

```
#include<stdio.h>
void main( )
{
   float x1,x2,x3,x4,x5,ave;
   printf(" 请输入 5 个数： ");
scanf(" %f%f%f%f%f ",&x1,&x2,&x3,&x4,&x5);
ave=(x1+x2+x3+x4+x5)/5;
   printf(" 平均值为： %.1f\n ",ave);
}
```

运行结果如下：

```
请输入 5 个数： 60 70 80 90 100✓
平均值为： 80.0
```

说明如下。

（1）　注意 scanf 中的输入格式，" %f%f%f%f%f " 输入的数据之间用空格作为分隔符。

（2）　平均值结果取一位小数，用 "%.1f" 实现。

【例 4-3】阅读以下程序并写出程序的运行结果。

C 源程序（文件名 sylt4-3.c）：

```
#include<stdio.h>
void main()
{
   int a=5,b=7;
   float x=67.8564,y=-789.124;
   char c='A';
   long n=1234567;
   printf(" %d%d\n ",a,b);
   printf(" %3d%3d\n ",a,b);
   printf(" %f,%f\n ",x,y);
   printf(" %-10f,%-10f\n ",x,y);
   printf(" %8.2f,%8.2f,%4f,%4f,%3f,%3f\n ",x,y,x,y,x,y);
   printf(" %e,%10.2e\n ",x,y);
   printf(" %c,%d,%o,%x\n ",c,c,c,c);
```

```
    printf("%ld,%lo,%x\n",n,n,n);
    printf("%s,%5.3s\n","COMPUTER","COMPUTER");
}
```

运行结果如图 4-3 所示。

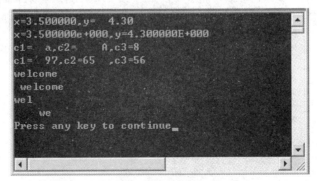

图 4-3　运行结果

【例 4-4】阅读以下程序并写出程序的运行结果。

C 源程序（文件名 sylt4-4.c）：

```
#include<stdio.h>
void main()
{
  float x,y;
  char c1,c2,c3;
  x=7/2.0;
  y=1.3+7/2;
  printf("x=%f,y=%6.2f\n", x, y);
  printf("x=%e,y=%E\n", x, y );
  c1='a';
  c2=c1-32;
  c3='0'+8;
  printf("c1=%3c,c2=%5c,c3=%-5c \n",c1,c2,c3 );
  printf("c1=%4d,c2=%-4d,c3=%d \n",c1,c2,c3);
  printf("%s\n%8s\n%.3s\n%6.2s\n","welcome","welcome","welcome","welcome");
}
```

运行结果如图 4-4 所示。

图 4-4　运行结果

说明如下。

（1）语句 printf("*c1*=%3c, *c2*=%5c, *c3*=%-5c \n", *c1*, *c2*, *c3*);。

- 格式化输出变量 *c1*："□□a"，即 *c1* 变量输出占 3 列，前 2 列补空格。
- 格式化输出变量 *c2*："□□□□A"，即 *c2* 变量输出占 5 列，前 4 列补空格。
- 格式化输出变量 *c3*："8□□□□"，即 *c3* 变量输出占 5 列，后 4 列补空格。

（2）语句 printf("*c1*=%4d, *c2*=%-4d, *c3*=%d \n", *c1*, *c2*, *c3*);。

分别格式化输出字符变量 c1、c2、c3 的 ASCII 码。

（3）语句 printf("%s\n%8s\n%.3s\n%6.2s\n", "welcome", "welcome", "welcome", "welcome");。

- 输出字符串"welcome"，并换行。
- 输出字符串"welcome"，占 8 列，前 1 列补空格。
- 输出字符串"welcome"的前 3 个字符。
- 输出字符串"welcome"的前两个字符，占 6 列，左侧补 4 个空格。

3. 上机实验

（1）输入三角形的边长，求三角形面积。

（2）从键盘上输入一个大写字母，要求改为小写字母输出。

（3）将从键盘上输入的小写字母按以下表格变换后输出。

a	b	c	d	e	f	g	h	i	j	k	l	m	n	o	p	q	r	s	t	u	v	w	x	y	z
e	f	g	h	i	j	k	l	m	n	o	p	q	r	s	t	u	v	w	x	y	z	a	b	c	d

4. 上机思考

运行以下程序，然后分别按给定的 3 种方式输入数据。查看程序的输出结果，想想为什么会有这样的输出结果（□为空格，↙为 Enter 键）：

```c
#include<stdio.h>
void main( )
{
    char c1, c2,c3,c4;
    scanf("%c%c", &c1, &c2);
    scanf("%c,%c", &c3, &c4);
    printf("c1=%c, c2=%c\n", c1, c2 );
    printf("c3=%c, c4=%c\n", c3, c4 );
}
```

输入方式 1：

S□T□D□U↙

输入方式 2：

S↙

T,D,U↙

输入方式 3：

STD,U↙

4.2.2　实验参考

1．上机实验题参考

（1）输入三角形的边长，求三角形面积。

算法分析：为简单起见，设输入的 3 个边长 a、b 和 c 能构成三角形。求三角形面积的公式为：

$$area=\sqrt{s(s-a)(s-b)(s-c)}$$

其中 $s=(a+b+c)/2$。

N-S 流程图如图 4-5 所示。

定义变量
输入三角形边长
求 s 的值
求三角形面积
输出面积

图 4-5　N-S 流程图

C 源程序（文件名 sysj4-1.c）：

```c
#include <stdio.h>
#include <math.h>
void main()
{
  float a,b,c,s,area;
  printf("请输入边长: ");
  scanf("%f,%f,%f",&a,&b,&c);
  s=(a+b+c)/2.0;
  area=sqrt(s*(s-a)*(s-b)*(s-c));
  printf("a=%f\nb=%f\nc=%f\narea=%f\n",a,b,c,area);
}
```

运行结果如图 4-6 所示。

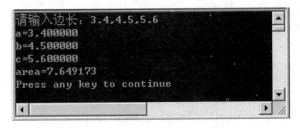

图 4-6　运行结果

（2）从键盘输入一个大写字母改为小写字母输出。

N-S 流程图如图 4-7 所示。

定义字符变量 *a*, *b*
输入 *a* 值
b=*a*+32;
输出结果

图 4-7 N-S 流程图

C 源程序（文件名 sysj4-2.c）：

```
#include <stdio.h>
void main()
{
    char a,b;
    printf("请输入一个大写字母：");
    scanf("%c",&a);
    b=a+32;
    printf("大写字母%c转换为小写字母后为%c\n",a,b);
}
```

运行结果如图 4-8 所示。

图 4-8 运行结果

（3）将从键盘输入的小写字母按以下表格变换后输出。

a	b	c	d	e	f	g	h	i	j	k	l	m	n	o	p	q	r	s	t	u	v	w	x	y	z
e	f	g	h	i	j	k	l	m	n	o	p	q	r	s	t	u	v	w	x	y	z	a	b	c	d

算法分析：从表格中可以看出当 *x* 为 a～v 字母中的一个时，其变换规则为 *y*=*x*+4。而且 *x*+4<26，所以 *x*+4 又可以写成 *x*-'a'+4+'a'=(*x*-'a'+4)%26+'a'；当 *x* 为 w～z 中的一个时，其变换规则为 *y*=(*x*-'a'+4)%26+'a'。例如，当 *x*='z' 时，*y*=('z'-'a'+4)%26+'a'=30%26+'a'=4+'a'='d'。

N-S 流程图如图 4-9 所示。

定义字符变量 *x* 和 *y*
输入一个小写字母给变量 *x*
y=(*x*-'a'+4)%26+'a';
输出转换后的字母

图 4-9 N-S 流程图

C 源程序（文件名 sysj4-3.c）：

```
#include<stdio.h>
void  main()
{
    char  x,y;
    printf("请输入一个小写字母：");
    scanf("%c",&x);
    y=(x-'a'+4)%26+'a';
    printf("\n 转换后的字母为：%c\n",y);
}
```

运行结果如图 4-10 所示。

图 4-10　运行结果

2. 上机思考题参考

运行以下程序，然后分别按给定的 3 种方式输入数据。查看程序的输出结果，想想为什么会有这样的输出结果？

C 源程序（文件名 sysk4-1.c）：

```
#include<stdio.h>
void main( )
{
    char c1, c2,c3,c4;
    scanf("%c%c", &c1, &c2);
    scanf("%c,%c", &c3, &c4);
    printf("c1=%c, c2=%c\n", c1, c2 );
    printf("c3=%c, c4=%c\n", c3, c4 );
}
```

输入方式 1 的运行结果如图 4-11 所示。

图 4-11　运行结果

输入方式 2 的运行结果如图 4-12 所示。

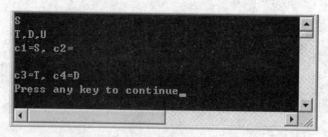

图 4-12　运行结果

输入方式 3 的运行结果如图 4-13 所示。

图 4-13　运行结果

说明如下。

- 语句 scanf("%c%c", &c1, &c2);将键盘上输入的两个字符赋值给变量 c1 和 c2。
- 语句 scanf("%c,%c", &c3, &c4);中的"格式控制"字符串中除了格式声明以外还有一个","，因此在输入数据时对应位置应输入一个","。
- 对于输入方式 1，赋给变量 c1 和 c2 的值分别是字符 H 和空格，赋给变量 c3 的值是字符 H。但在","对应的位置输入的数据是一个空格，因此 c4 未被正确赋值。
- 对于输入方式 2，赋给变量 c1 和 c2 的值分别是字符 S 和 Enter 键，赋给变量 c3 和 c4 的值分别是字符 T 和 D。
- 对于输入方式 3，赋给变量 c1 和 c2 的值分别是字符 S 和 T，赋给变量 c3 和 c4 的值分别是字符 D 和 U。

4.3　习 题 解 答

1. 选择题

（1）～（5）C、D、D、A、C　　　　（6）～（10）D、D、A、D、B

2. 填空题

（1）3，10

（2）3.460 000

（3）2，2.000 000

3. 改错题

（1） scanf("%d\n",　&x);　、*y*=6*x-2;、printf("*y*=%d\n",*y*);

（2） char *a*,*b*='F';、putchar(*b*);、putchar('\n');

（3） scanf（"%c"，&*a*);　、*a*=*a*-32;、printf("*a*=%c \n",*a*);

（4） main()、scanf("%f",&*r*);、printf("*l*=%f\n",*l*);

4. 阅读题

（1） 14

　　　0

（2）. a<

（3） 11

　　　10

（4） *　　123450001234512345　　12345*

　　　#2.453#　　2.452.5

（5） 1245

5. 编程题

（1） 编写一个程序，要求从键盘输入任意 3 个整数，求它们的平均值。

N-S 流程图如图 4-14 所示。

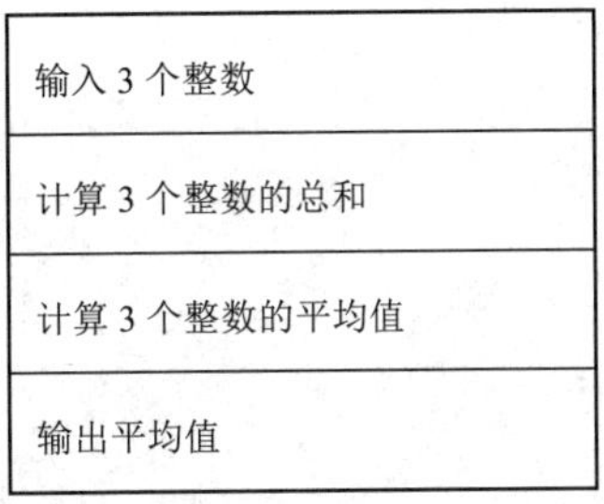

| 输入 3 个整数 |
| 计算 3 个整数的总和 |
| 计算 3 个整数的平均值 |
| 输出平均值 |

图 4-14　N-S 流程图

C 源程序（文件名 xt4-1.c）：

```c
#include <stdio.h>
void main()
{
int a,b,c;
float aver;
printf("输入 3 个整数:\n");
scanf("%d%d%d",&a,&b,&c);
aver=(a+b+c)/3;
printf("平均值为: %5.1f\n", ave);
}
```

运行结果如图 4-15 所示。

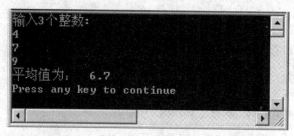

图 4-15　运行结果

（2）　输入一个华氏温度，要求输出摄氏温度，公式为 $c = \dfrac{5}{9}(f-32)$。

N-S 流程图如图 4-16 所示。

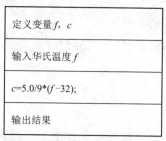

图 4-16　N-S 流程图

C 源程序（文件名 xt4-2.c）：

```c
#include <stdio.h>
void main( )
{
float f,c;
printf("输入华氏温度: ");
scanf("%f",&f);
c=5.0/9*(f-32);
printf("转换后的摄氏温度为: %.2f\n", c);
}
```

运行结果如图 4-17 所示。

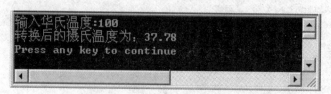

图 4-17　运行结果

第 5 章 选 择 结 构

5.1 知 识 介 绍

选择结构又称"分支结构",有双分支或多分支结构,这种结构根据条件判断结果选择执行不同的程序分支。选择结构是程序的基本结构之一,几乎所有程序都包含该结构。C 语言中可以用控制语句,即 if 和 switch 语句构成选择结构实现程序的分支控制。

1. if 语句的 3 种形式

(1) if。

这是基本形式,即单分支选择 if 语句:

```
if(表达式) 语句
```

执行过程为判断表达式的值,如果成立,执行后面的语句;否则不执行任何操作。

(2) if-else。

双分支选择 if 语句,一般格式为:

```
if(表达式)
    语句1;
else
    语句2;
```

执行过程为判断表达式的值,如果成立,执行语句 1;否则执行语句 2。

(3) if-else-if。

多分支选择 if 语句,一般格式为:

```
if(表达式1)
    语句1;
else if(表达式2)
    语句2;
else if(表达式3)
    语句3;
…
```

```
else if(表达式 n)
    语句 n;
else
    语句 n+1;
```

执行过程为依次判断表达式的值，当出现某个值为真时，则执行其对应的语句。然后跳到整个 if 语句之外继续执行程序；如果所有的表达式均为假，则执行语句 n+1，然后继续执行后续程序。

我们可以把第 1 个判断的 else 部分看成一个内嵌语句，它本身是一个语句，而且可以依此类推，即可写成：

```
if（表达式 1）
else{if（表达式 2）
else{if（表达式 3）
⋮
else{if（表达式 n）
else 语句 n+1；}⋯⋯}}
```

关于这 3 种形式的语句的使用说明如下。

（1） if 之后的条件必须以"（表达式）"的形式出现，即括号不可少。表达式可为关系表达式或逻辑表达式，也可以为其他表达式。

（2） 在后两种 if 语句中有多个内嵌语句，每个内嵌语句都必须以";"结束。

（3） 第 3 种形式的 if 语句中内嵌语句处只能有一个语句，如果要用 n 个语句，则必须使用{}将其组成一个复合语句。

2. 语句的嵌套

当 if 语句中的执行语句又是 if 语句时构成 if 语句的嵌套，其一般格式如下：

```
if(表达式)
    if 语句;
```

或者为：

```
if(表达式)
    if 语句;
else
    if 语句;
```

第 2 种表示具有二义性，为了避免这种二义性，C 语言规定 else 总是与它前面最近的 if 配对。

3. 条件表达式构成的选择结构

C 语言还提供了一个特殊的条件运算符，用其构成的表达式也可以形成简单的选择结构。这种选择结构能以表达式的形式内嵌在允许出现表达式处，使得可以根据不同的条件使用不同的数据参与运算。条件运算符的符号是"?:"，它是 C 语言提供的唯一的三目运算符。即要求有 3 个运算对象，其格式如下：

```
表达式 1?表达式 2:表达式 3
```

当"表达式 1"的值为非零时,"表达式 2"的值作为整个条件表达式的值;否则"表达式 3"的值作为整个条件表达式的值。此运算符优先于赋值运算符,但低于关系与算术运算符。例如,有如下表达式:

```
y=x>10 ? 100:200
```

首先要求出条件表达式的值,然后赋给 y。在条件表达式中要先求出 x>10 的值,若 x 大于 10,则取 100 作为表达式的值并赋予变量 y;否则取 200 作为表达式的值并赋予变量 y。

4. switch 语句

C 语言还提供了另一种用于多分支选择的 switch 语句,其一般格式为:

```
switch(表达式)
{
    case 常量表达式 1: 语句序列 1;
    case 常量表达式 2: 语句序列 2;
    ⋮
    case 常量表达式 n: 语句序列 n;
    default: 语句序列 n+1;
}
```

switch 语句的功能为计算表达式的值并逐个与其后的常量表达式相比较,当表达式的值与某个常量表达式的值相等时,执行其后的语句。然后不再执行判断,继续执行后面所有 case 后的语句;如果没有一个 case 后面的常量表达式的值与表达式的值相匹配,则执行 default 后面的语句(组),然后执行 switch 语句的下一条。

说明如下。

(1) switch 语句是 C 语言的关键字,其后用花括号括起来的部分称为"switch 语句体"。紧跟在该语句后一对圆括号中的表达式可以是整型表达式或字符型表达式,表达式两边的一对括号不能省略。

(2) case 也是关键字,与其后面的常量表达式合称为"case 语句标号"。常量表达式的类型必须与 switch 后面圆括号中的表达式类型相同,各 case 语句标号的值应该互不相同。case 语句标号后的语句 1 和语句 2 等可以是一条或多条语句,必要时 case 语句标号后的语句可以省略不写。

(3) default 也是关键字,起标号的作用,代表所有 case 标号之外的那些标号。default 标号可以出现在语句体中任何标号位置上,在 switch 语句中也可以没有 default 标号。

(4) 在关键字 case 和常量表达式之间一定要有空格,如"case 10:"不能写成"case10:"。

5.2 实验部分

5.2.1 实验 1：if 语句

1. 目的

（1）学会正确使用逻辑运算符和逻辑表达式。

（2）掌握 if 选择结构的格式及执行过程。

（3）正确理解选择结构的嵌套。

2. 实验示例

【例 5-1】输入一个正整数，判断它是奇数还是偶数，并输出判断结果。

算法分析：此题首先要明确奇数与偶数之间的区别，即与 2 相除是否余数为 1，然后使用 if 选择结构即可分出奇数与偶数。

C 源程序：（文件名 sylt5-1-1.c）：

```c
#include<stdio.h>
void main()
{
  int a;
  scanf("%d",&a);
  if(a%2==0)
  printf("even number");
  else
  printf("uneven number");
}
```

运行结果如图 5-1 所示。

图 5-1 运行结果

【例 5-2】从键盘输入 x 的值，计算以下分段函数：

$$\begin{cases} 4x+1 & x<2 \\ 3x+1 & 2 \leqslant x \leqslant 8 \\ 2x-2 & 8 \leqslant x \end{cases}$$

算法分析：求解这道题的方法很多，关键是要把思路分析清楚。

（1）用单分支结构实现。

C 源程序：（文件名 sylt5-1-2.c）：

```c
#include<stdio.h>
void main()
{
  int x,y;
  scanf("%d",&x);
  if(x<2)
    y=4*x+1;
  if(x>=2&&x<8)
    y=3*x+1;
  if(x>=8)
    y=2*x-2;
  printf("x=%d,y=%d\n",x,y);
}
```

运行结果如图 5-2 所示。

```
3
x=3,y=10
Press any key to continue
```

图 5-2　运行结果

（2）用多分支结构实现。

C 源程序（文件名 sylt5-1-3.c）：

```c
#include<stdio.h>
void main()
{
  int x,y;
  scanf("%d",&x);
  if(x<2)
    y=4*x+1;
  else
    if(x>=2&&x<8)
        y=3*x+1;
    else
        y=2*x-2;
  printf("x=%d,y=%d\n",x,y);
}
```

运行结果如图 5-3 所示。

```
1
x=1,y=5
Press any key to continue
```

图 5-3　运行结果

（3） 用选择结构的嵌套实现。

C 源程序（文件名 sylt5-1-4.c）：

```c
#include<stdio.h>
void main()
{
  int x,y;
  scanf("%d",&x);
  if(x<8)
    if(x>=2)
        y=3*x+1;
    else
        y=4*x+1;
  else
        y=2*x-2;
  printf("x=%d,y=%d\n",x,y);
}
```

运行结果如图 5-4 所示。

```
9
x=9, y=16
Press any key to continue
```

图 5-4 运行结果

【例 5-3】输入一个字符，判断它是否是大写字母，如果是，将它转换成小写字母；如果不是，不转换，然后输出最后得到的字符。

算法分析：判断输入数据是否大写字母是关键，而大小写字母的 ASCII 码的值相差 32。

N-S 流程图如图 5-5 所示。

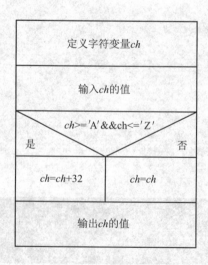

图 5-5 N-S 流程图

C 源程序（文件名 sylt5-1-5.c）：

```
#include<stdio.h>
void main()
{
    char ch;
    scanf("%c",&ch);
    ch=(ch>='A'&&ch<='Z')?(ch+32):ch;
    printf("%c\n",ch);
}
```

运行结果如图 5-6 所示。

图 5-6　运行结果

【例 5-4】企业发放的奖金根据利润提成，利润低于或等于 10 万元时，奖金可按 10%
提成；利润高于 10 万元且低于 20 万元时，低于 10 万元的部分按 10%提成，高于 10 万元
的部分可提成 7.5%；利润在 20～40 万元之间时，高于 20 万元的部分可按 5%提成；利润
在 40～60 万元之间时高于 40 万元的部分可按 3%提成；利润在 60～100 万元之间时，高
于 60 万元的部分可按 1.5%提成；高于 100 万元时，超过 100 万元的部分按 1%提成。从键
盘输入当月利润 i，求应发放奖金总数。

　　算法分析：求出每一档的基本奖金，这样求最终奖金比较方便。例如，利润为 45 万
元，那么基本奖金是 bonus4。即超过 40 万元利润的最少也可以拿到 bonus4 的奖金；多出
的 5 万再按比例计算得出最终奖金。注意定义时需把奖金定义成长整形。

C 源程序（文件名 sylt5-1-6.c）：

```
#include<stdio.h>
void main()
{
    long int i;
    int bonus1,bonus2,bonus4,bonus6,bonus10,bonus;
    scanf("%ld",&i);
    bonus1=100000*0.1;
    bonus2=bonus1+100000*0.075;
    bonus4=bonus2+200000*0.05;
    bonus6=bonus4+200000*0.03;
    bonus10=bonus6+400000*0.015;
    if(i<=10000)
        bonus=i*0.1;
    else if(i<=200000)
        bonus=bonus1+(i-100000)*0.075;
    else if(i<=400000)
        bonus=bonus2+(i-200000)*0.05;
```

```
  else if(i<=600000)
    bonus=bonus4+(i-400000)*0.03;
  else if(i<=1000000)
    bonus=bonus6+(i-600000)*0.015;
  else
    bonus=bonus10+(i-1000000)*0.01;
  printf("bonus=%d\n",bonus);
}
```

运行结果如图 5-7 所示。

```
650000
bonus=34250
Press any key to continue
```

图 5-7　运行结果

【例 5-5】如果司机满足以下条件之一，公司就为其投保；否则不为其投保。

（1）　已婚。

（2）　为 30 岁以上的未婚男性。

（3）　为 25 岁以上的未婚女性。

请编写一个程序，根据司机的婚姻状态、性别和年龄，判断公司是否已为其投保。

算法分析：一一选择判断每个符合投保的条件即可实现。

C 源程序:（文件名 sylt5-1-7.c）：

```
#include "stdio.h"
void main()
{
  char gender,ms;
  int age;
  /*接收司机的详细信息*/
  printf("\n\n\t 司机的详细信息\n\n");
  printf("\n\t 司机的婚姻状况(y/n): ");
  scanf("\n%c",&ms);
  printf("\n\t 司机的性别(M/F): ");
  scanf("%d",&age);
  /* 多重 if 结构 */
  if (ms=='Y'||ms=='y')  /*检查司机的婚姻状况*/
    printf("\n\t 该司机已投保\n");
  else if((gender=='M'||gender=='m')&&(age>30))
  /*如果未婚，检查是否是 30 岁以上的男性 */
    printf("\n\t 该司机已投保\n");
  else if((gender=='F'||gender=='f'&&age>25))
  /* 检查是否是 25 岁以上的女性*/
    printf("\n\t 该司机已投保\n");
  else
    printf("\n\t 该司机已投保\n");
}
```

运行结果如图 5-8 所示。

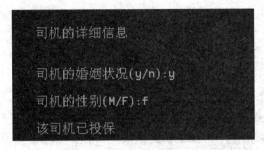

图 5-8　运行结果

【例 5-6】根据性别 sex 和身高 tall 给出某数据分类，如果 sex 为'F'且 tall>=150，则输出 A，否则输出 B；若 sex 不为'F'且 tall>=172，则输出 A，否则输出 B。

算法分析：可以分别用 if-else 语句判断两个条件，通过两次嵌套选择。

C 源程序：（文件名 sylt5-1-8.c）：

```c
#include "stdio.h"
void main()
{
  int tall;
  char sex;
  printf(" 请输入性别和身高: ");
  scanf("%c%d",&sex,&tall);
  if (sex=='F')
  {
  if(tall>=150)    /*内嵌 if-else 语句*/
  printf("A");
  else printf("B");
  }
  else
  {
  if(tall>=172)
  printf("A");
  else printf("B");
  }
}
```

运行结果如图 5-9 所示。

图 5-9　运行结果

3. 上机实验

（1） 计算分段函数的值，$y = \begin{cases} x+2 & x<0 \\ 3x-4 & 0 \leqslant x < 1 \\ 0 & 1 \leqslant x < 2 \\ x & x \geqslant 2 \end{cases}$

（2） 输入一个整数，判断它是否能同时被 2、4、6 整除。

（3） 输入两个整数 a 和 b，若 a−b 的结果为奇数，则输出该值；否则输出提示信息。

```c
void main()
{
  int a,b;
  scanf("%d%d",&a,&b);
  if((a-b)%2!=0)
    printf("%d\n",a-b);
  else
    printf("a-b 的结果为不是奇数");
}
```

算法分析：根据 a 和 b 的差进行奇偶判断，再用 if 语句实现功能。

（4） 输入 3 个实数，按从小到大顺序输出。

4. 上机思考

编写程序从键盘上输入的两个整数 a 和 b，检查 a 是否能被 b 整除。

5.2.2 实验 2：switch 语句

1. 目的

（1）学会正确使用逻辑运算符和逻辑表达式。

（2）掌握 switch 选择结构的格式及执行过程。

2. 实验示例

【例 5-7】输入某年某月某日，判断这一天是这一年的第几天。

算法分析：以 3 月 5 日为例，应该先把前两个月加起来，然后加上 5 天即本年的第几天。需要判断的是如果是闰年且输入月份大于 3 时，则需考虑多加一天。

C 源程序（文件名 sylt5-2-1.c）：

```c
#include<stdio.h>
void main()
{
  int day,month,year,sum,leap;
  printf("Please input year, month, day\n");
  scanf("%d,%d,%d",&year,&month,&day);
  switch(month)
  {
```

```
    case 1:sum=0;break;
    case 2:sum=31;break;
    case 3:sum=59;break;
    case 4:sum=90;break;
    case 5:sum=120;break;
    case 6:sum=151;break;
    case 7:sum=181;break;
    case 8:sum=212;break;
    case 9:sum=243;break;
    case 10:sum=273;break;
    case 11:sum=304;break;
    case 12:sum=334;break;
    default:printf("data error");break;
  }
  sum=sum+day;
  if(year%400==0||(year%4==0&&year%100!=0))
    leap=1;
  else
    leap=0;
  if(leap==1&&month>2)
    sum++;
  printf("It is the %dth day.\n",sum);
}
```

运行结果如图 5-10 所示。

```
Please input year, month, day
2018, 9, 1
It is the 244th day.
Press any key to continue
```

图 5-10　运行结果

【例 5-8】输入一个年份和一个月份，输出该年的这个月有几天（应考虑闰年），要求用 switch 语句编程。

算法分析：此题与上题类似，求出该月的天数即可（根据常识可知月份 1、3、5、7、8、10、12 均为 31 天；月份 4、6、9、11 均为 30 天。只有 2 月份的天数与年份有关，一般 2 月份为 28 天，闰年为 29 天）。

闰年的判定如下。

（1）普通年能被 4 整除且不能被 100 整除的为闰年（如 2004 年是闰年，1901 年不是）。

（2）世纪年能被 400 整除的是闰年（如 2000 年是闰年，1900 年不是闰年）。

C 源程序（文件名 sylt5-2-2.c）：

```
#include<stdio.h>
void main()
{
int month,year,n;
```

```
    printf("\nPlease input year,month\n");
    scanf("%d,%d",&year,&month);
    switch(month)
    {
      case 12:
       n=31;break;
      case 11:
       n=30;break;
      case 10:
       n=31;break;
      case 9:
       n=30;break;
      case 8:
       n=31;break;
      case 7:
       n=31;break;
      case 6:
       n=30;break;
      case 5:
       n=31;break;
      case 4:
       n=30;break;
      case 3:
       n=31;break;
      case 2:
       if((year%4==0&&year%100!=0)||year%400==0)
          n=29;
       else
          n=28;
       break;
      case 1:
       n=31;break;
    }
   printf("n=%d\n",n);
}
```

运行结果如图 5-11 所示。

```
Please input year,month
2012,2
n=29
```

图 5-11　运行结果

3. 上机实验

编写一个程序，输入某人的身高和体重后判断其体重为标准、过胖，还是过瘦，公式为标准体重=身高-110。超过标准体重 5 kg 为过胖；低于标准体重 5 kg 为过瘦，要求用 switch 语句实现。

4. 上机思考

输入百分制成绩，要求输出成绩等级"优""良""中""及格""不及格"。其中 90 分以上为"优"，80 分以上为"良"，70 以上为"中"，60 分以上为"及格"，60 以下为"不及格"。当输入数据大于 100 或小于 0 时，提示"输入数据错"，程序结束。

5.2.3 实验参考

1. 实验 1：上机实验题参考

（1）计算分段函数的值，$y = \begin{cases} x+2 & x<0 \\ 3x-4 & 0 \leqslant x<1 \\ 0 & 1 \leqslant x<2 \\ x & x \geqslant 2 \end{cases}$

算法分析：采用多分支选择结构实现。

N-S 流程图如图 5-12 所示。

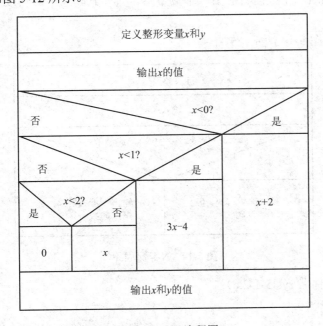

图 5-12　N-S 流程图

C 源程序（文件名 sysj5-1-1.c）：

```
#include<stdio.h>
void main()
{
    int x,y;
    scanf("%d",&x);
    if(x<0)
```

```
        y=x+2;
    else
    if(x<1)
        y=3*x-4;
    else
        if(x<2)
            y=0;
        else
            y=x;
    printf("x=%d,y=%d\n",x,y);
}
```

运行结果如图 5-13 所示。

```
2
x=2, y=2
Press any key to continue
```

图 5-13　运行结果

（2）输入一个整数，判断它是否能同时被 2、4、6 整除。

算法分析：判断一个数能否被另一个数整除，只要判断这个数除以除数后余数的结果是否为 0。

N-S 流程图如图 5-14 所示。

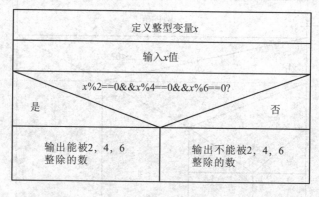

图 5-14　N-S 流程图

C 源程序（文件名 sysj5-1-2.c）：

```
#include<stdio.h>
void main()
{
    int x;
    scanf("%d",&x);
    if(x%2==0&&x%4==0&&x%6==0)
        printf("%d能被2、4、6整除。\n",x);
    else
        printf("%d不能被2、4、6整除。\n",x);
}
```

运行结果如图 5-15 所示。

```
12
12能被2、4、6整除。
Press any key to continue
```

图 5-15 运行结果

（3）输入三角形的 3 边，判断其能否构成三角形。如果能，那么构成的是等边三角形、等腰直角三角形、等腰三角形、直角三角形、一般三角形中的哪一种。

算法分析：根据 a 和 b 的差判断奇偶，然后用 if 语句实现功能。

N-S 流程图如图 5-16 所示。

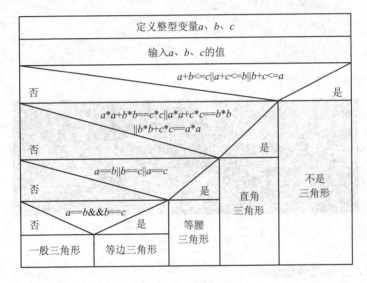

图 5-16　N-S 流程图

C 源程序（文件名 sysj5-1-3.c）：

```
void main()
{
   int a,b;
   scanf("%d%d",&a,&b);
   if((a-b)%2!=0)
     printf("%d\n",a-b);
   else
     printf("a-b 的结果为不是奇数");
}
```

（4）输入 3 个实数，按从小到大顺序输出。

算法分析：用多分支选择结构判断每种情况，根据大小不同输出相应的值。

C 源程序（文件名 sysj5-1-4.c）：

```
#include<stdio.h>
void main()
```

```
{
  float a,b,c,t;
      printf("请输入三个数 a,b and c: \n");
      scanf ("%f%f%f",&a,&b,&c);
      printf("输入的三个数为: ");
      printf ("%6.2f,%6.2f,%6.2f\n",a,b,c);
      if(a>b)
         {t=a;a=b;b=t;}
      if(a>c)
         {t=a;a=c;c=t;}
      if(b>c)
         {t=b;b=c;c=t;}
      printf("排序后的三个数为: ");
      printf ("%6.2f,%6.2f,%6.2f\n",a,b,c);
      getch();
}
```

运行结果如图 5-17 所示。

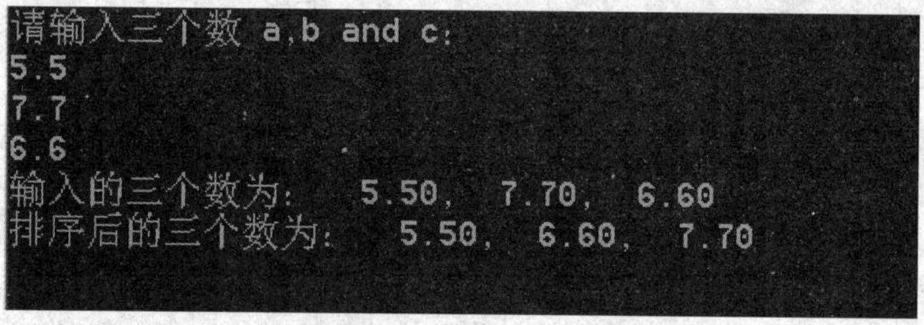

图 5-17 运行结果

2. 实验 1：上机思考题参考

从键盘上输入的两个整数 a 和 b，检查 a 是否能被 b 整除。

算法分析：采用 if 语句编程，根据 a 对 b 的取余结果进行判断。若结果为 0，则能整除；否则不能整除。

C 源程序（文件名 sysk5-1-1.c）：

```
#include <stdio.h>
void main(void)
{
  int a,b;
  printf("请输入两个整数:");
  scanf("%d%d",&a,&b);
  if(a%b==0)
    printf("能整除\n");
  else
    printf("不能整除\n");
}
```

3. 实验 2：上机实验题参考

编写一个程序，输入某人的身高和体重后判断其体重为标准、过胖，还是过瘦，公式为标准体重=身高-110。超过标准体重 5 kg 为过胖；低于标准体重 5 kg 过瘦，要求用 switch 语句实现。

算法分析：将输入的身高体重按照给定的公式计算，然后按要求分级。由于在 switch 语句中 case 后面要是一个整数，所以这里用 if 语句进行一次处理得到一个整数，根据这个整数确定体重的分级。

C 源程序：（文件名 sysj5-2-1.c）：

```c
#include <stdio.h>
void main()
{
  int height,weight;
  int standard,gap;
  printf("please input your height and weight:");
  scanf("%d%d",&height,&weight);
  standard=height-110;
  if((standard-weight)==0)gap=0;
  if((standard-weight)>5)gap=1;
  if((standard-weight)<5)gap=2;
  switch(gap)
  {
   case 0:
     printf("标准体重\n");
     break;
   case 1:
     printf("过瘦\n");
     break;
   case 2:
     printf("过胖\n");
     break;
  }
}
```

4. 实验 2：上机思考题参考

输入百分制成绩，要求输出成绩等级"优""良""中""及格""不及格"。其中 90 分以上为"优"，80 分以上为"良"，70 分以上为"中"，60 分以上为"及格"，60 分以下为"不及格"。当输入数据大于 100 或小于 0 时，提示"输入数据错"，程序结束。

算法分析：对分数进行相应转换，再通过 if 语句控制数据的正确输入。

C 源程序（文件名 sysk5-2-1.c）：

```c
#include<stdio.h>
void main()
{
  int cj,i;
```

```
    printf("请输入成绩: ");
    scanf("%d",&cj);
    if(cj>100||cj<0)
      printf("输入数据有误! \n");
    else
    {
      i=cj/10;
      switch(i)
      {
          case 10:
          case 9:printf("成绩为: 优\n");break;
          case 8:printf("成绩为: 良\n");break;
          case 7:printf("成绩为: 中\n");break;
          case 6:printf("成绩为: 及格\n");break;
          default:printf("成绩为: 不及格\n");break;
      }
    }
}
```

运行结果如图 5-18 所示。

```
请输入成绩: 86
成绩为: 良
Press any key to continue
```

图 5-18　运行结果

5.3　习 题 解 答

1.　选择题

（1）～（5）B、B、A、A、A

（6）～（10）A、C、B、B、D

2.　填空题

（1）　score/10、break

（2）　a==b&&b==c、a!=b&&a!=c&&b!=c

（3）　&n、(n%2==0)&&(n%3==0)

3.　阅读题

（1）　2　　　（2）　16　6　　　（3）　Full!　　　（4）　把大写字母转换小写字母

4.　编程题

（1）　编写程序判断 2000 年、2008 年、2014 年是否是闰年。

算法分析：此处判断 3 个年份，采用 3 个双分支结构实现。

N-S 流程图如图 5-19 所示。

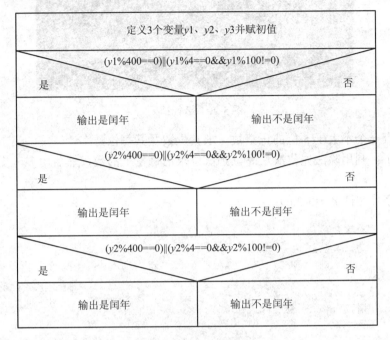

图 5-19　N-S 流程图

C 源程序（文件名 xt5-1.c）：

```
#include<stdio.h>
void main()
{
  int y1=2018,y2=2016,y3=2014;
  if((y1%400==0)||(y1%4==0&&y1%100!=0))
    printf("%d 是闰年\n",y1);
  else
    printf("%d 不是闰年\n",y1);
  if((y2%400==0)||(y2%4==0&&y2%100!=0))
    printf("%d 是闰年\n",y2);
  else
    printf("%d 不是闰年\n",y2);
  if((y3%400==0)||(y3%4==0&&y3%100!=0))
    printf("%d 是闰年\n",y3);
  else
    printf("%d 不是闰年\n",y3);
}
```

运行结果如图 5-20 所示。

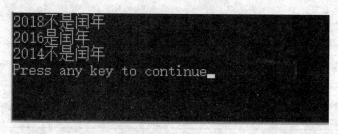

图 5-20　运行结果

（2）　有一个不大于 5 位的正整数，求其位数及其每位数字。

算法分析：利用除法先依次从高位到低位求出每位上的数，然后用多分支结构判断这个数共几位。

C 源程序（文件名 xt5-2.c）：

```c
#include<stdio.h>
void main()
{
  long n;
  int a1,a2,a3,a4,a5;
  printf("请输入一个正整数(<100000): ");
  scanf("%ld",&n);
  a5=n/10000;
  a4=(n-a5*10000)/1000;
  a3=(n-a5*10000-a4*1000)/100;
  a2=(n-a5*10000-a4*1000-a3*100)/10;
  a1=n-a5*10000-a4*1000-a3*100-a2*10;
  if(a5>0)
    printf("有五位数，分别是%d,%d,%d,%d,%d\n",a5,a4,a3,a2,a1);
  else if(a4>0)
    printf("有四位数，分别是%d,%d,%d,%d\n",a4,a3,a2,a1);
  else if(a3>0)
    printf("有三位数，分别是%d,%d,%d\n",a3,a2,a1);
  else if(a2>0)
    printf("有二位数，分别是%d,%d\n",a2,a1);
  else if(a1>0)
    printf("有一位数，分别是%d\n",a1);
  else
    printf("输入数据非正整数或为 0\n");
}
```

运行结果如图 5-21 所示。

请输入一个正整数(<100000):2018
有四位数，分别是2,0,1,8
Press any key to continue_

图 5-21　运行结果

第6章 循 环 结 构

6.1 知 识 介 绍

循环结构指在算法设计中从某处开始有规律地反复执行一算法步骤，它首先判断给定的条件。如果条件成立，则重复执行某一些语句；否则结束循环。使用循环可以避免重复不必要的步骤，简化算法。

循环结构是程序中一种很重要的结构，C 语言提供了多种循环语句，可以组成多种不同形式的循环结构。

1. 循环格式

（1） goto 语句。

格式如下：

```
goto 语句标号;
```

其中标号是一个有效的标识符，它加上一个 ":" 一起出现在函数内某处，执行 goto 语句后程序将跳转到该标号处并执行其后的语句；另外标号必须与 goto 语句同处于一个函数中，但可以不在一个循环层中。通常 goto 语句与 if 条件语句连用，当满足某一条件时程序跳到标号处运行。

通常不用 goto 语句的主要原因是因为它使程序层次不清晰且不易读，但在多层嵌套退出时用该语句则比较合理。

（2） while 语句。

格式如下：

```
While <条件表达式> 语句;
```

while 循环又称 "当循环"，其中表达式是循环的条件，语句为循环体。

循环体语句可以是一条或多条，多条时应用复合语句{}将多条语句括起。

while 语句的执行过程如图 6-1 所示。

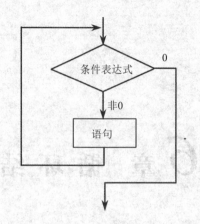

图 6-1   while 语句的执行过程

　　首先计算<条件表达式>的值，判断条件是否成立。若条件为真（非 0），则执行语句（循环体），执行后将控制返回 while 语句。再次判断<条件表达式>的值，如果仍为真，则继续执行循环体；否则退出循环，执行循环体后面的语句。while 循环用于循环次数不确定，但控制条件可知的场合，它可以根据给定条件的成立与否决定程序的流程。

　　（3） do-while 语句。

　　格式如下：

```
do
语句
while(表达式);
```

其中语句是循环体，表达式是循环条件。

　　do-while 语句的执行过程如图 6-2 所示。

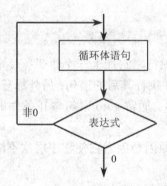

图 6-2   do-while 语句的执行过程

　　首先执行循环体语句一次，然后判别表达式的值。若为真（非 0），则继续循环；否则终止循环。

　　do-while 语句和 while 语句的区别在于前者是先执行后判断，因此至少要执行一次循环体；后者是先判断后执行，如果条件不满足，则不执行循环体语句。

　　（4） for 语句。

　　格式如下：

for(表达式 1；表达式 2；表达式 3) 语句;

for 语句的执行过程如图 6-3 表示。

说明如下。

（1） 求解表达式 1。

（2） 求解表达式 2，若其值为真（非 0），则执行 for 语句中指定的内嵌语句，然后执行下一步；若其值为假（0），则结束循环，转到第（5）步。

（3） 求解表达式 3。

（4） 转回第（2）步继续执行。

（5） 循环结束，执行 for 语句下面的一个语句。

2. 多重循环

循环体内又出现循环结构称为"循环嵌套"或"多重循环"，用于处理较复杂的循环问题。前面介绍的几种基本循环结构都可以相互嵌套，多重循环的次数为每一重循环次数的乘积。

这种嵌套过程可以有多重，一个循环外面仅包围一层循环为二重循环；一个循环外面包围两层循环为三重循环；一个循环外面包围多层循环为多重循环。

3 种循环语句 for、while、do-while 可以互相嵌套自由组合，但要注意各循环必须完整，相互之间绝不允许交叉。

3. break 和 continue 语句

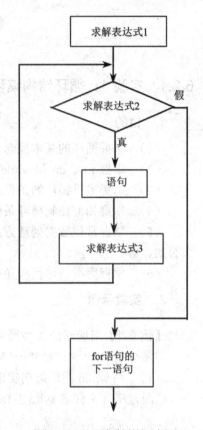

图 6-3　for 语句的执行过程

有时我们需要在循环体中提前跳出循环，或者在满足某种条件下不执行循环中余下的语句而开始新的一轮循环，这时就要用到 break 和 continue 语句。

break 语句用于 do-while、for、while 循环语句中可使程序终止循环，而执行循环后面的语句。通常 break 语句总是与 if 语句一起使用的，即满足条件即跳出循环。

continue 语句的作用是跳过循环体中剩余的语句而强行执行下一次循环，该语句只用在 for、while、do-while 等循环体中，常与 if 条件语句一起使用以加速循环。

4. 使用循环过程中的注意事项

（1） for 语句主要用于给定循环变量初值、步长增量，以及循环次数的循环结构。

（2） 循环次数及控制条件要在循环过程中才能确定的循环可用 while 或 do-while 语句。

（3） 3 种循环语句可以相互嵌套组成多重循环，循环之间可以并列，但不能交叉。

（4） 可用转移语句把流程转出循环体外，但不能从外面转向循环体内。

（5） 循环程序中应避免出现死循环，即应保证循环变量的值在运行过程中可以修改，并使循环条件逐步变为假而结束循环。

6.2 实验部分

6.2.1 实验 1：循环结构编程

1. 目的

（1）掌握循环的基本概念。

（2）掌握 for、do 和 while 循环语句的结构及使用。

（3）掌握多重循环的条件设置及使用。

（4）掌握如何控制循环条件，防止死循环或不循环。

（5）掌握常规数据处理方法求平均值、求极值、求解不定方程、求阶乘，以及求最大公约数等。

（6）掌握穷举、迭代和递推等常用算法。

2. 实验示例

【例 6-1】用所学的 3 种循环结构编程计算 N 的阶乘。

算法分析：$N! = 1*2*3*\cdots*N$。

（1）用 while 循环语句实现。

C 源程序（文件名 sylt6-1-1.c）：

```c
#include<stdio.h>
void main()
{int i,n,sum=1;
    printf("\n input n: ");
    scanf("%d",&n);
    i=1;
    while(i<=n)
     {
         sum=sum*i;
         i++;
     }
   printf("%d\n",sum);
   system("pause");
}
```

（2）用 do-while 实现。

C 源程序（文件名 sylt6-1-2.c）：

```c
main()
{
int i,n,sum=1;
    printf("\n input n: ");
    scanf("%d",&n);
```

```
    i=1;
  do
    {
        sum=sum*i;
        i++;
    }
while(i<=n);
    printf("%d\n",sum);
    system("pause");
}
```

do-while 语句和 while 语句的区别在于 do-while 是先执行后判断，因此 do-while 至少要执行一次循环体。而 while 是先判断后执行，如果条件不满足，则一次循环体语句也不执行。

while 语句和 do-while 语句一般都可以相互改写。

（3） 用 for 语句实现。

C 源程序（文件名 sylt6-1-3.c）：

```
main()
{
int i,n,sum=1;
    printf("\n input n: ");
    scanf("%d",&n);
    for (i=1;i<=n;i++)
     sum=sum*i;
    printf("%d\n",sum);
    system("pause");
}
```

运行结果如下：

```
input n: 10
3628800
```

【例 6-2】一对长寿兔子每一个月生一对兔子，新生的小兔子两个月长大并在第 2 个月的月底开始生其下一代。这样一代一代生下去，求解兔子增长数量的数列。

算法分析：可以抽象成下列数学公式：

$$fn=fn-1+fn-2$$

其中 n 是项数（$n \geq 3$），这是著名的斐波那契数列，该数列的前 8 位为 1，1，2，3，5，8，13，21。

斐波那契数列在程序中可以用多种方法处理，按照通项递推公式利用最基本的循环控制即可实现题目的要求。我们用简单变量来实现，首先采用 3 个变量，其中 $f3$ 代表要求的数，$f1$ 和 $f2$ 分别代表要求的数的前一个数和前第 2 个数。

方法 1 如下。

C 源程序（文件名 sylt6-1-4.c）：

```
#include "stdio.h"
#include "conio.h"
void main()
```

```
{
  long f1,f2,f3;
  int i;
  f1=f2=1;
  printf("%12ld %12ld",f1,f2);
  for(i=3;i<=40;i++)
  {
    f3=f1+f2; /*前两个数加起来赋值给第三个数*/
    printf("%12ld ",f3);
    f1=f2;    /*在下一循环之前确定下一个 f1,f2 的值*/
    f2=f3;
    if(i%4==0) printf("\n"); /*控制输出,每行四个*/
  }
  getch();
}
```

方法 2：只采用两个变量来获得结果。

C 源程序（文件名 sylt6-1-5.c）：

```
#include "stdio.h"
#include "conio.h"
void main()
{
  long f1,f2;
  int i;
  f1=f2=1;
  for(i=1;i<=20;i++)
  {
    printf("%12ld %12ld",f1,f2);
    if(i%2==0) printf("\n"); /*控制输出,每行四个*/
    f1=f1+f2; /*前两个数加起来赋值给第三个数*/
    f2=f1+f2; /*前两个数加起来赋值给第三个数*/
  }
  getch();
}
```

在这个程序中，$f1$ 和 $f2$ 开始作为已知的前两个数，然后用它们分别代表要求的后两个数。
运行结果如图 6-4 所示。

1	1	2	3
5	8	13	21
34	55	89	144
233	377	610	987
1597	2584	4181	6765
10946	17711	28657	46368
75025	121393	196418	317811
514229	832040	1346269	2178309
3524578	5702887	9227465	14930352
24157817	39088169	63245986	102334155

图 6-4　运行结果

【例 6-3】绘制余弦曲线，在屏幕上用"*"显示 0～360°的余弦函数 $\cos(x)$ 的曲线。

算法分析：如果在程序中使用数组，则这个问题十分简单。若要求不能使用数组，则关键在于余弦曲线在 0～360°的区间内一行中要显示两个点。而一般显示器只能按行输出，即输出第 1 行信息后只能向下一行输出，不能返回到上一行。为了获得本例要求的图形，必须在一行中一次输出两个"*"。

为了同时得到余弦函数 cos(x)图形在一行上的两个点，考虑利用 cos(x)的左右对称性。将屏幕的行方向定义为 x，列方向定义为 y，则 0°～180°的图形与 180°～360°的图形左右对称。若定义图形的总宽度为 62 列，则计算出 x 行 0°～180°时 y 点的坐标 m，那么在同一行与之对称的 180°～360°的 y 点的坐标应该为 62-m。程序中利用反余弦函数 acos 计算坐标（x,y）的对应关系。

C 源程序（文件名 sylt6-1-6.c）：

```c
#include<stdio.h>
#include<math.h>
void  main()
{
double y;
int x,m;
for(y=1;y>=-1;y-=0.1)  /*y 为列方向，值从 1 到-1，步长为 0.1*/
{
m=acos(y)*10;  /*计算出 y 对应的弧度 m，乘以 10 为图形放大倍数*/
for(x=1;x<m;x++)  printf("");
printf("*");  /*控制打印左侧的'*'号*/
for(;x<62-m;x++)printf("");
printf("*\n");  /*控制打印同一行中对称的右侧'*'号*/
}
}
```

运行结果如图 6-5 所示。

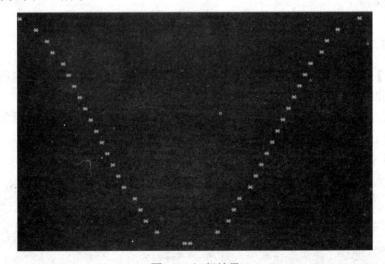

图 6-5 运行结果

【例 6-4】将一个正整数分解质因数，如输入 90，打印出 90=2*3*3*5。

算法分析：对 n 分解质因数应先找到一个最小的质数 k，然后按下述步骤完成。

（1） 如果这个质数恰等于 n，则说明分解质因数的过程已经结束，打印即可。

（2） 如果 $n<>k$，但 n 能被 k 整除，则应打印 k 的值。并用 n 除以 k 的商作为新的正整数 n，返回执行第（1）步。

（3） 如果 n 不能被 k 整除，则用 $k+1$ 作为 k 的值，然后返回执行第（1）步。

C 源程序（文件名 sylt6-1-7.c）：

```
#include "stdio.h"
#include "conio.h"
main()
{
  int n,i;
  printf("\nplease input a number:\n");
  scanf("%d",&n);
  printf("%d=",n);
  for(i=2;i<=n;i++)
    while(n!=i)
    {
      if(n%i==0)
      {
        printf("%d*",i);
        n=n/i;
      }
      else
        break;
    }
  printf("%d",n);
  getch();
}
```

运行结果如下：

123

123=3*41

【例 6-5】请输入星期几的第 1 个字母来判断是星期几，如果两个单词第 1 个字母相同，则继续判断第 2 个字母。

算法分析：用 switch 语句比较好，如果第 1 个字母一样，则用 switch 语句或 if 语句判断第 2 个字母。

C 源程序（文件名 sylt6-1-8.c）：

```
#include "stdio.h"
#include "conio.h"
void main()
{
  char letter;
  printf("please input the first letter of someday: \n");
  while((letter=getch())!='y')/*当所按字母为y时才结束*/
  {
    switch (letter)
    {
      case 's':printf("please input second letter\n");
```

```
        if((letter=getch())=='a')
          printf("saturday\n");
          else if ((letter=getch())=='u')
            printf("sunday\n");
            else printf("data error\n");
        break;
        case 'f':printf("friday\n");break;
        case 'm':printf("monday\n");break;
        case 't':printf("please input second letter\n");
        if((letter=getch())=='u')
          printf("tuesday\n");
          else if ((letter=getch())=='h')
            printf("thursday\n");
          else printf("data error\n");
        break;
        case 'w':printf("wednesday\n");break;
        default: printf("data error\n");
      }
}
  getch();
}
```

运行结果如下：

```
t u
Tuesday
```

3. 上机实验

（1） 从键盘输入一个正整数 *n*，求 *n*!。

（2） 输出 40 以内能同时被 3 和 4 整除的数。

（3） 设公鸡每只 5 元，母鸡每只 3 元，小鸡每元 3 只。现用 100 元钱买 100 只鸡，编写一个程序计算出可以各买多少只鸡？

（4） 在屏幕上输出阶梯形式的乘法口诀表。

（5） 输出 ASCⅡ序列中从 33～127（十进制数）的字符对照表。

4. 上机思考

输出如图所示的图案，它的最大宽度值（水平方向*的个数）由键盘输入，要求必须为奇数。

6.2.2 实验参考

1. 实验 1：上机实验题参考

（1） 从键盘输入一个正整数 *n*，求 *n*!。

算法分析：*n*!= *n**(*n*–1)*(*n*–2)*…*2*1（约定 *n*≥0 且 0!=1），计算机在计算阶乘时从 1 开始计算直到 *n* 为止。用 *i* 代表循环变量，*s* 代表 *n*!的结果值，则循环计算表达式 *s*=*s**i 可求得 *n*!。

C 源程序（文件名 sysj6-1-1.c）：

```c
#include <stdio.h>
main()
{
  int i,n;
  long s;
  printf("please enter a integer:\n");
  scanf("%d",&n);
  if(n>=0)
  {
  s=1;
  i=1;
  while(i<=n)
  {
  s=s*i;
  i++;
  }
  printf("%d!=%ld\n",n,s);
  }
  else
  printf("Sorry! You enter a wrong number.\n");
}
```

运行结果如图 6-6 所示。

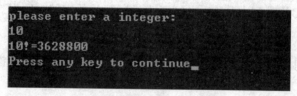

图 6-6 运行结果

（2） 输出 40 以内能同时被 3 和 4 整除的数。

算法分析：对任意 40 以内的正整数 *n*，若 *n*%3=0 且 *n*%4=0，则输出该数 *n*；否则不输出 *n*。

C 源程序（文件名 sysj6-1-2.c）：

```c
#include <stdio.h>
main()
{
```

```
int x=1;
lp1:
if((x%3)!=0)
goto lp2;
if((x%4)==0)
printf("num(3,4)=%d\n",x);
lp2:
x=x+1;
if(x<40)
goto lp1;
}
```

运行结果如图 6-7 所示。

```
num(3,4)=12
num(3,4)=24
num(3,4)=36
Press any key to continue
```

图 6-7　运行结果

（3） 设公鸡每只 5 元，母鸡每只 3 元，小鸡每元 3 只。现用 100 元钱买 100 只鸡，编写一个程序计算出可以各买多少只鸡？

C 源程序（文件名 sysj6-1-3.c）：

```
#include <stdio.h>
void main()
{
int i,j,k;
for(i=0; i*5<=100; i++)
for(j=0; j*3<=100; j++)
for(k=0; k/3<=100; k+=3)
if((i*5+j*3+k/3)==100 && (i+j+k)==100)
   printf("Cock -- %d\tHen -- %d\tChicken -- %d\n",i,j,k);
}
```

运行结果如图 6-8 所示。

```
Cock -- 0       Hen -- 25       Chicken -- 75
Cock -- 4       Hen -- 18       Chicken -- 78
Cock -- 8       Hen -- 11       Chicken -- 81
Cock -- 12      Hen -- 4        Chicken -- 84
Press any key to continue
```

图 6-8　运行结果

（4） 在屏幕上输出阶梯形式的乘法口诀表。

C 源程序（文件名 sysj6-1-4.c）：

```
#include <stdio.h>
void main()
{
```

```
    int i,j;
    for(i=1;i<=9;i++)
    {
            for(j=1;j<=i;j++)
    printf("%d*%d=%d\t",j,i,i*j);
            printf("\n");
    }
    }
```

运行结果如图 6-9 所示。

```
1*1=1
1*2=2   2*2=4
1*3=3   2*3=6   3*3=9
1*4=4   2*4=8   3*4=12  4*4=16
1*5=5   2*5=10  3*5=15  4*5=20  5*5=25
1*6=6   2*6=12  3*6=18  4*6=24  5*6=30  6*6=36
1*7=7   2*7=14  3*7=21  4*7=28  5*7=35  6*7=42  7*7=49
1*8=8   2*8=16  3*8=24  4*8=32  5*8=40  6*8=48  7*8=56  8*8=64
1*9=9   2*9=18  3*9=27  4*9=36  5*9=45  6*9=54  7*9=63  8*9=72  9*9=81
Press any key to continue
```

图 6-9　运行结果

（5） 输出 ASCⅡ序列中从 33～127（十进制数）的字符对照表。

C 源程序（文件名 sysj6-1-5.c）：

```
#include <stdio.h>
main()
{
  int i;
  for (i=33; i<128; i++)
    printf("%d --- %c\t",i,i);
}
```

运行结果如图 6-10 所示。

```
33 --- !        34 --- "        35 --- #        36 --- $        37 --- %
38 --- &        39 --- '        40 --- (        41 --- )        42 --- *
43 --- +        44 --- ,        45 --- -        46 --- .        47 --- /
48 --- 0        49 --- 1        50 --- 2        51 --- 3        52 --- 4
53 --- 5        54 --- 6        55 --- 7        56 --- 8        57 --- 9
58 --- :        59 --- ;        60 --- <        61 --- =        62 --- >
63 --- ?        64 --- @        65 --- A        66 --- B        67 --- C
68 --- D        69 --- E        70 --- F        71 --- G        72 --- H
73 --- I        74 --- J        75 --- K        76 --- L        77 --- M
78 --- N        79 --- O        80 --- P        81 --- Q        82 --- R
83 --- S        84 --- T        85 --- U        86 --- V        87 --- W
88 --- X        89 --- Y        90 --- Z        91 --- [        92 --- \
93 --- ]        94 --- ^        95 --- _        96 --- `        97 --- a
98 --- b        99 --- c        100 --- d       101 --- e       102 --- f
103 --- g       104 --- h       105 --- i       106 --- j       107 --- k
108 --- l       109 --- m       110 --- n       111 --- o       112 --- p
113 --- q       114 --- r       115 --- s       116 --- t       117 --- u
118 --- v       119 --- w       120 --- x       121 --- y       122 --- z
123 --- {       124 --- |       125 --- }       126 --- ~       127 --- ⌂
Press any key to continue
```

图 6-10　运行结果

2. 实验 1：上机思考题参考

输出如图所示的图案，它的最大宽度值（水平方向*的个数）由键盘输入，要求必须为奇数。

```
        *
       * *
       * * *
       * * * *
       * * * * *
       * * * * * *
       * * * * * * *
       * * * * * * * *
       * * * * * * * * *
       * * * * * * * * *
        * * * * * * * *
         * * * * * * *
          * * * * * *
           * * * * *
            * * * *
             * * *
              * *
               *
```

C 源程序（文件名 sysk6-1-1.c）：

```c
#include <stdio.h>
main()
{
    int i,j,width;
    printf("请输入最大的宽度值：\n");
    scanf("%d",&width);
    for(i=1;i<=width;i++)
    { for(j=1;j<=i;j++)
          printf("*");
       printf("\n");
    }
    for(i=1;i<=width;i++)
    {   for(j=1;j<=i;j++)
          printf("");
       for(j=i;j<=width-1;j++)
          printf("*");
       printf("\n");
    }
}
```

运行结果如图 6-11 所示。

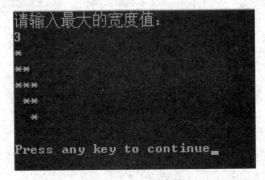

图 6-11　运行结果

6.3 习 题 解 答

1. 选择题

（1）～（5）A、C、D、A、C　　　（6）～（10）B、D、A、B、D

2. 填空题

（1）1 3 2

（2）18

（3）0

（4）52

（5）5

（6）X

（7）6

（8）0

3. 改错题

（1）将"i=1，i<=n，++i"中的逗号改成分号"；"，将"t=1/(2*i-1)"改成"t=1.0/(2*i-1)"，使用大括号{}将语句"t=1/(2*i-1)；"和"s=s+t；"括起构成复合语句。

（2）将"max=9"改为"max=0"，将"while($!n$)"改为"while(n)"。

（3）将"s=a/b"改为"s+=a/b"，将"a=b"改为"a+=b"。

4. 编程题

（1）求出 1～1 000 之内能被 7 或 11 整除,但又不能同时被 7 和 11 整除的所有整数,要求输出结果 5 个数字一行。

C 源程序（文件名 xt6-1.c）：

```c
#include<stdio.h>
void main()
{
int num,n=0;
printf("1000 以内能被 7 或 11 整除, 但又不能同时被 7 和 11 整除的数有：\n");
for(num=1;num<=1000;num++)
    {
    if(num%7==0||num%11==0)
      if(!(num%7==0&&num%11==0))
      {
      printf("%5d",num);
      n=n+1;
      if (n%5==0)printf("\n");
      }
    }
printf("\n");
}
```

（2） 编写一个程序求出 1～100 之间所有每位数的乘积小于每位数和的数，如 13 满足 1×3<1+3。

C 源程序（文件名 xt6-2.c）：

```
#include<stdio.h>
void main()
{
int num,gw,sw;
for(num=10;num<100;num++)
{
gw=num%10;
sw=num/10;
if (gw*sw<gw+sw)
    printf("%3d",num);
}
}
```

（3） 编写一个程序，从 3 个红球、5 个白球和 6 个黑球中任意取出 8 个球，并且其中必须有黑球，输出所有可能的方案。

N-S 流程图如图 6-12 所示。

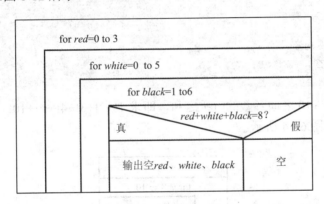

图 6-12　N-S 流程图

C 源程序（文件名 xt6-3.c）：

```
#include<stdio.h>
void main()
{
int red,white,black;
for(red=0;red<=3;red++)
  for(white=0;white<=5;white++)
    for(black=1;black<=6;black++)
      if(red+white+black==8)
        printf("红球=%d,白球=%d,黑球=%d\n",red,white,black);
}
```

（4） 计算 1～10 之间奇数之和及偶数之和。

N-S 流程图如图 6-13 所示。

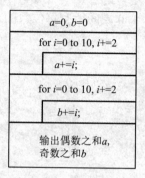

图 6-13　N-S 流程图

C 源程序（文件名 xt6-4.c）：

```c
#include <stdio.h>
void main()
{
int a, b, i;
a=b=0;
for(i=0;i<=10;i+=2)
    a+=i;
for(i=1;i<=10;i+=2)
    b+=i;
printf("偶数之和＝%d\n",a);
printf("奇数之和＝%d\n",b);
}
```

（5）　计算 1～10 之间各数的阶乘之和，即求 1!+2!+3!+4!+…+10!。

N-S 流程图如图 6-14 所示。

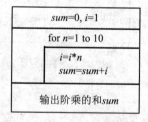

图 6-14　N-S 流程图

C 源程序（文件名 xt6-5.c）：

```c
#include<stdio.h>
void main()
{
 long int i=1,sum=0;
int n;
 for(n=1;n<=10;n++)
 {
  i=i*n;
  sum=sum+i;
```

```
    }
    printf("1!+2!+……+10!=%d\n",sum);
}
```

（6）输入两个正整数 *m* 和 *n*，求其最大公约数和最小公倍数。

C 源程序（文件名 xt6-6.c）：

```
void main()
{
    int m,n,p,r,a,t;
printf("请输入第一个数：\n") ;
    scanf("%d",&m);
printf("请输入第二个数：\n") ;
    scanf("%d",&n);
     p=m*n;
    if (m<n)
    {
      t=m;
      m=n;
      n=t;
    }
    r=m%n ;
     while(r!=0)
     {
      m=n;
        n=r;
      r=m%n;
     }
     a=p/n;
     printf("%d,%d\n",n,a);
}
```

第7章 数 组

7.1 知 识 介 绍

1. 数组的相关概念

数组是由具有相同类型且固定数量的元素组成的集合，数组元素在数组中的位置序号称"下标"并从 0 开始。每一个数组元素都是一个变量，为了与一般的变量相区别，称数组元素为"下标变量"。

2. 一维数组

定义格式如下：

> 类型说明符 数组名 [常量表达式]

例如：

```
int m[10];          /* 说明整型数组 m，有 10 个元素。*/
float b[10];        /* 说明实型数组 b，有 10 个元素。*/
```

初始化赋值的一般格式为：

> 类型说明符 数组名[常量表达式]={常量表达式1,常量表达式1---常量表达式n};

初始化的常见形式如下。

（1） 可以只为部分元素赋初值，当{ }中值的个数少于元素个数时只为前面部分元素赋值，如：

```
int b[4]={4,3,2};
```

（2） 只能为元素逐个赋值，不能为数组整体赋值，如为 10 个元素全部赋 1 值，只能写为：

```
int a[10]={1,1,1,1,1,1,1,1,1,1};
```

（3） 若为全部元素赋值，则在数组声明中可以不给出数组元素的个数，如：

```
int a[]={1,2,3,4,5};
```

一维数组元素的输入和输出一般采用循环语句实现，如：

```
int a[10], i;
for(i=0; i<10; i++)
scanf("%d", &a[i]);
for(i=0; i<10; i++)
printf("%d", a[i]);
```

3. 二维数组

定义格式如下：

存储类别 类型说明符 数组名 [常量表达式1] [常量表达式2]

常量表达式 1 表示二维数组第 1 维的长度，常量表达式 2 表示第 2 维的长度。二维数组的总元素个数为两维长度的乘积，如：

```
static int a[3][4];
float b[2][3];
```

从本质上来说，二维数组可以理解为一维数组的一维数组。即二维数组是一个特殊的一维数组，这个数组的每一个元素都是一个一维数组。

与一维数组相似，在定义二维数组时也可以同时对其初始化。

（1）将数组所有元素初始值按相应顺序写在一个花括号内，各初值用逗号分隔。按数组元素排列顺序为各元素赋值，如：

```
static int a[3][2]={0,1,2,3,4,5};
```

（2）根据二维数组的特点分行为其赋初值，方法是将每行元素的初值以逗号分隔写在花括号内，每个花括号内的数据对应一行元素。各行元素以逗号分隔，写在一个总的花括号中，如：

```
static int a[3][2]={{0,1},{2,3},{4,5}};
```

赋初值的结果与 static int a[3][2]={0,1,2,3,4,5};的结果完全相同。

（3）可以只为部分元素赋初值，未赋初值的元素自动取 0 值或空字符（对字符数组），如：

```
int a[3][2]={{1, 2},{4},{5, 3}};
```

（4）若为全部元素赋初值，则第 1 维的长度可以不给出，但是第 2 维，大小必须指定。C 语言编译系统可自动根据初值数目与第 2 维大小（列数）确定第 1 维大小；若采用分行初始化的方式，则根据初始值行数（花括号数）确定第 1 维大小，如：

```
int a[][3]={1,2,3,4,5,6,7,8,9};
int a[][3]={{1,2,3},{4,5,6},{7,8,9}};
```

二维数组元素的输入和输出一般采用双层循环语句实现，如：

```
int a[3][4], i, j;
for(i=0; i<3; i++)
for(j=0; j<4; j++)
    scanf("%d", &a[i][j]);
for(i=0; i<3; i++)
```

```
{
for(j=0;  j<4;  j++)
        printf("%d", a[i][j]);
    printf("\n");
}
```

4. 字符数组

定义格式如下：

```
char    数组名[字符个数];
```

字符数组的每个数组元素只能存放一个字符，由于 C 语言中没有字符串类型，所以使用字符数组来存放字符串。字符串必须以'\0'字符作为结尾，称为"字符串结束标志"。

字符数组的初始化如下。

（1） 允许在定义时初始化，如：

```
char s[7]={'P','r','o','g','r','a','m'};
```

（2） 可以只为部分数组元素赋初值，如：

```
char str2[4]={97,'8'};
```

（3） 为全体元素赋初值时也可以省略长度声明，如：

```
char s[]={'P','r','o','g','r','a','m'};
```

这时 s 数组的长度自动定为 7。

（4） 用字符串常量初始化数组，初始化的常见格式如下：

```
char str[5]={ "Good" };
```

相当于：

```
char str[8];str[0]='G';str[1]='o';str[2]='o';str[3]='d';str[4]='\0';
```

也相当于：

```
char str[5]={ "Good" };
```

花括号可以省略。

字符数组的输入和输出说明如下。

（1） 字符变量的两种输入方式函数 getchar()和 scanf()的"%c"格式符在为字符数组赋值时也可以采用，如：

```
char str[10];
int i ;
for(i=0;i<9;i++)
str[i]=getchar();
```

或：

```
char str[10];
int i ;
for(i=0;i<9;i++)
scanf("%c",&str[i]);
```

注意：

按上面的方式为字符数组输入值时，系统不会自动在字符串的最后加字符'\0'作为结束标志，所以应增加如下一条语句：

```
str[9]='\0';
```

此外，还可以使用 scanf()的"%s"格式符：

```
char str[6];
scanf("%s",str);     /*数组名 str 代表数组在内存的起始地址*/
```

或：

```
scanf("%s",&str[0]);
```

当通过键盘输入"Good"并按下"Enter"键后在数组 *str* 中包含的字符串"Good"后系统自动加上结束标识符'\0'。

scanf()函数中的"%c"一次只接收一个字符，而"%s"一次则接收一个字符串。

（2）字符变量的两种输出方式函数 putchar()和 printf()的"%c"格式符同样可以输出字符数组。例如，假设数组 str 已输入值"Good"，则：

```
for(i=0;i<9;i++)
putchar(str[i]);
```

或：

```
for(i=0;i<9;i++)
printf("%c",str[i]);
```

此外，还可以用 printf()的"%s"格式符，如：

```
printf("%s",str);或 printf("%s",&str[0]);
```

字符串处理函数都包含在头文件"string.h"中，在使用这些函数时必须在程序的开头添加"#include <string.h>"声明。

• 字符串复制函数 strcpy( )

格式：

```
strcpy(字符数组1,字符串2)
```

功能：将字符串 2 复制到字符数组 1 中。

• 字符串连接函数 strcat( )

格式：

```
strcat(字符数组1,字符数组2)
```

功能：把字符串 2 连接到字符串 1 的后面并仍存放在字符数组 1 中。

• 字符串比较函数 strcmp( )

格式：

```
int strcmp(字符串1,字符串2)
```

功能：比较字符串 1 和字符串 2，从左到右逐个字符比较 ASCII 值的大小，直到出现的字符不一样或遇到'\0'为止。比较结果由函数返回，若字符串 1=字符串 2，函数的返回值为 0；若字符串 1>字符串 2，函数的返回值为一正整数；若字符串 1<字符串 2，函数的返回值为一负整数。

- 测试字符串长度函数 strlen( )

格式：

```
int strlen(字符串)
```

功能：测试字符串长度，函数返回值为字符串的实际长度，不包括'\0'在内。

7.2 实 验 部 分

7.2.1 实验 1：数值数组

1. 目的

（1） 熟练掌握一维数组和二维数组的定义、数组元素的引用形式，以及数组的输入和输出方法。

（2） 掌握与数组有关的算法（如排序算法和矩阵运算等）。

2. 实验示例

【例 7-1】有一个已排序数组，要求输入一个数后按原来排序的规律将其插入数组中。

算法分析：假设数组 *a* 有 *n* 个元素，而且已按升序排列，在插入一个数时按下面的方法处理。

（1） 如果插入的数 *num* 比 *a* 数组的最后一个大，则将插入的数放在 *a* 数组末尾。

（2） 如果插入的数 *num* 比 *a* 数组的最后一个数大，则将它依次和 *a*[0]~*a*[*n*-1]比较，直到出现 *a*[*i*]>*num* 为止。这时表示 *a*[0]~*a*[*i*-1]各元素的值比 *num* 小，*a*[*i*]~*a*[*n*-1]各元素的值比 *num* 大，*num* 理应插到 *a*[*i*-1]之后且 *a*[*i*]之前。那么只要将 *a*[*i*]~*a*[*n*-1]各元素向后移一个位置（即 *a*[*i*]变成 *a*[*i*+1]，…，*a*[*n*-1]变成 *a*[*n*]），然后将 *num* 放在 *a*[*i*]中。

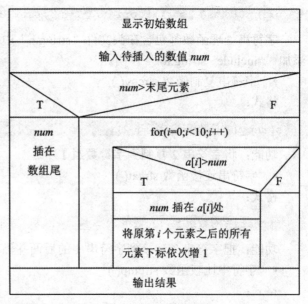

图 7-1 N-S 流程图

N-S 流程图如图 7-1 所示。

C 源程序（文件名 sylt7-1-1.c）：

```c
#include <stdio.h>
main()
{int a[11]={1,4,6,9,13,16,19,28,40,100};
int temp1,temp2,number,end,i,j;
printf("array a: \n");
for(i=0; i<10;i++)
printf("%5d",a[i]);
printf("\n");
printf("insert data: ");
scanf("%d",&number);
end=a[9];
if(number>end)
a[10]=number;
else
{
    for(i=0; i<10; i++)
    {
      if(a[i]>number)
      {
          temp1=a[i];
          a[i]=number;
          for(j=i+1;j<11;j++)
          {
              temp2=a[j];
              a[j]=temp1;
              temp1=temp2;
          }
          break;
      }
    }
}
printf("Now, array a:\n");
for( i=0; i<11; i++ )
printf ("%5d ",a[i]);
printf("\n");
}
```

运行结果如下：

```
array a:
   1 4   6   9  13  16  19  28  40  100
insert data:5✓
Now,array a:
   1 4   5   6   9  13  16  19  28  40  100
```

【例 7-2】打印如下杨辉三角形：

```
1
1 1
1 2 1
1 3 3 1
1 4 6 4 1
1 5 10 10 5 1
```

算法分析：要打印杨辉三角形必须先分析其特点，第 1 列和对角线上的元素值都是 1，其他元素值均是前一行同一列与前一行前一列元素之和。

N-S 流程图如图 7-2 所示。

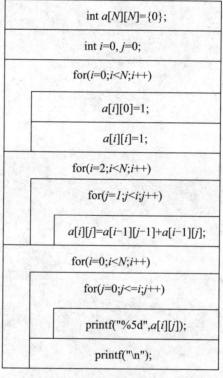

图 7-2 N-S 流程图

C 源程序（文件名 sylt7-1-2.c）：

```c
#include<stdio.h>
#define N 6
void main()
{
    int a[N][N]={0};
    int i=0,j=0;
    for(i=0;i<N;i++)        /*为第 1 列和对角线上的元素赋 1*/
        {
a[i][0]=1;
a[i][i]=1;
        }
```

```
for(i=2;i<N;i++)
    {
for(j=1;j<i;j++)        /*对角线上的元素已被赋值，所以j<i*/
        {
a[i][j]=a[i-1][j-1]+a[i-1][j];      /*为其他元素赋值*/
        }
    }
 for(i=0;i<N;i++)
 {
   for(j=0;j<=i;j++)
   {
     printf("%5d",a[i][j]);
   }
   printf("\n");
 }
}
```

运行结果如图 7-3 所示。

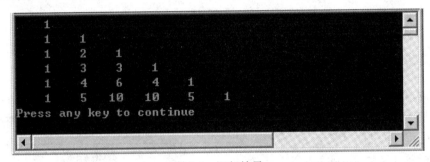

图 7-3 运行结果

3. 上机实验

（1） 如果一个数恰好等于其因子之和，这个数就称为"完数"。编程找出 500 以内的所有完数，每一个完数按下面的格式输出：

6=1+2+3

（2） 编程实现用数组的方法找出 2～100 以内所有素数。

（3） 修改【例 7-2】，打印如下杨辉三角形：

```
                1
              1   1
            1   2   1
          1   3   3   1
        1   4   6   4   1
      1   5  10  10   5   1
```

4. 上机思考

请编写程序输出以下形式的方阵：

```
1 1 1 1 1 1 1 1 1
1 2 2 2 2 2 2 2 1
1 2 3 3 3 3 3 2 1
1 2 3 4 4 4 3 2 1
1 2 3 4 5 4 3 2 1
1 2 3 4 4 4 3 2 1
1 2 3 3 3 3 3 2 1
1 2 2 2 2 2 2 2 1
1 1 1 1 1 1 1 1 1
```

7.2.2 实验 2：字符数组

1. **目的**

（1） 熟练掌握字符数组定义及引用形式。

（2） 熟练掌握字符数组的输入/输出方法。

（3） 掌握字符串函数的使用。

2. **实验示例**

【例 7-3】编写程序在字符串 *a* 中找出最大的字符，并将该字符前的所有字符向后移动一位（第 1 个字符不变）。

N-S 流程图如图 7-4 所示。

C 源程序（文件名 sylt7-2-1.c）：

```c
#include<stdio.h>
void main()
{
    char ch[80];
    int i=0,k;
    gets(ch);
    k=0;
    while(ch[i]!='\0')
    {
        if(ch[k]<ch[i])
            k=i;
        i++;
    }
    i=0;
    while(k>0)
    {
        ch[k]=ch[k-1];
        k--;
    }
    puts(ch);
}
```

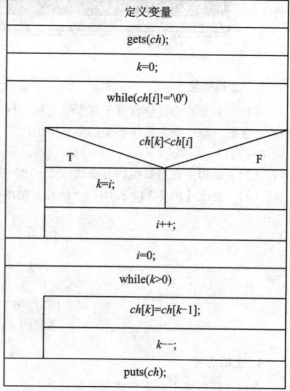

图 7-4 N-S 流程图

运行结果如图 7-5 所示。

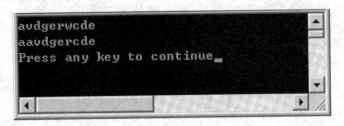

图 7-5　运行结果

【例 7-4】从键盘输入 10 个字符串，找出一个最长的字符串。

N-S 流程图如图 7-6 所示。

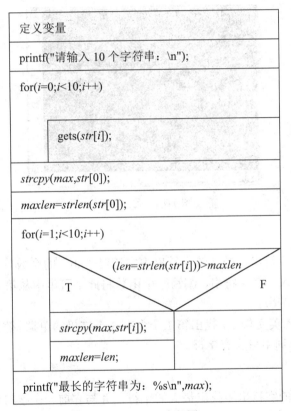

图 7-6　N-S 流程图

C 源程序（文件名 sylt7-2-2.c）：

```
#include<stdio.h>
#include<string.h>
void main()
{
    char str[10][80],max[80];
    int i,len,maxlen;
    printf("请输入 10 个字符串：\n");
```

```
    for(i=0;i<10;i++)
        gets(str[i]);
    strcpy(max,str[0]);
    maxlen=strlen(str[0]);
    for(i=1;i<10;i++)
        if((len=strlen(str[i]))>maxlen)
            {
                strcpy(max,str[i]);
                maxlen=len;
            }
    printf("最长的字符串为: %s\n",max);
}
```

运行结果如图 7-7 所示。

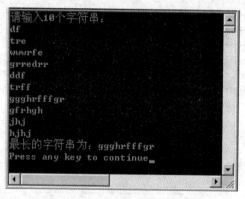

图 7-7   运行结果

3.   上机实验

（1）   输入一行字符串，统计该字符串中字符对 "ab" 的个数。

（2）   从键盘输入一个字符串，编写一个函数将此字符串中从第 m 个字符开始的 n 个字符复制成另一个字符串。

（3）   从键盘输入英文句子，找出第 1 个含有 3 个字母的单词。假设单词以空格隔开，句子以 "." 结束，单词中只含有字母。

4.   上机思考

从一个键盘输入的字符串中找出最大的字符，并与它前一个字符对调。如果第 1 个字符最大，则与最后一个对调。

7.2.3   实验参考

1.   实验 1：上机实验题参考

（1）   如果一个数恰好等于其因子之和，则这个数就称为"完数"。编程找出 500 以内的所有完数，每一个完数按下面的格式输出：

6=1+2+3

N-S 流程图如图 7-8 所示。

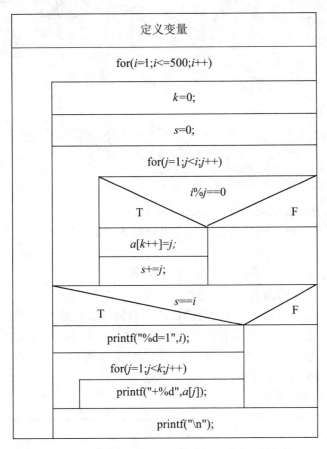

图 7-8　N-S 流程图

C 源程序（文件名 sysj7-1-1.c）：

```
#include<stdio.h>
void main()
{
    int a[20],i,j,k,s;
    printf("500 以内的完数为：\n");
    for(i=1;i<=500;i++)
    {
      k=0;
      s=0;
      for(j=1;j<i;j++)           /*计算数 i 的因子和 s（不包括 i）*/
          if(i%j==0)
          {
              a[k++]=j;
              s+=j;
          }
      if(s==i)           /*如果数 i 与其因子和相等，则输出*/
      {
```

```
        printf("%d=1",i);
        for(j=1;j<k;j++)
          printf("+%d",a[j]);
        printf("\n");
      }
    }
}
```

运行结果如下：

```
500 以内的完数为：
6=1+2+3
28=1+2+4+7+14
496=1+2+4+8+16+31+62+124+248
```

（2） 编程实现用数组的方法找出 2～100 以内所有素数。

算法分析：要找 100 以内的素数，应定义数组为 "int a[100]={0};"，然后按下列步骤排除非素数。

- 将所有下标是 2 的倍数（不含 2）的元素置 1。
- 将所有下标是 3 的倍数（不含 3）的元素置 1。
- 下标为 4 的元素值是 1，这时其倍数的元素值也必定是 1，因此不必处理；下标是 5 的倍数（不含 5）的元素置 1，依此类推。下标从 2 开始变化到 99（需要用 for(i=2;i<100;i++)，如果 $a[i]$ 的值为 1，则结束本次循环，开始下次循环；否则为 i 的倍数元素置 1，但值为 1 的元素不再赋 1。

N-S 流程图如图 7-9 所示。

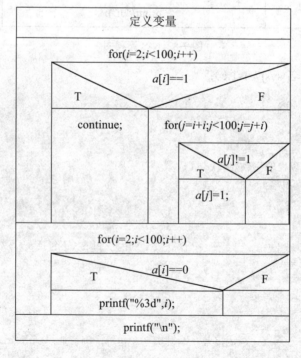

图 7-9   N-S 流程图

C 源程序（文件名 sysj7-1-2.c）：

```
#include<stdio.h>
void main()
{
  int  i=0,j=0;
  int a[100]={0};
  for(i=2;i<100;i++)
  {
    if(a[i]==1)
        continue;
    else
    {
        for(j=i+i;j<100;j=j+i)
        {
            if(a[j]!=1)
                a[j]=1;
        }
    }
  }
  for(i=2;i<100;i++)
  {
    if(a[i]==0)
        printf("%3d",i);
  }
    printf("\n");
}
```

运行结果如图 7-10 所示。

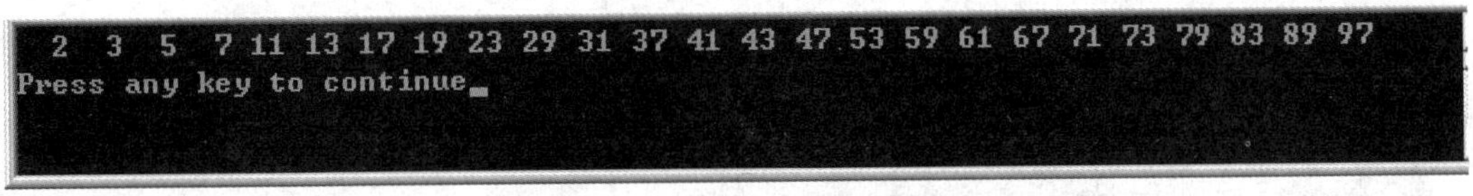

```
  2   3   5   7  11  13  17  19  23  29  31  37  41  43  47  53  59  61  67  71  73  79  83  89  97
Press any key to continue
```

图 7-10   运行结果

（3）修改【例 7-2】打印如下杨辉三角形：

```
          1
         1  1
        1  2  1
       1  3  3  1
      1  4  6  4  1
     1  5  10  10  5  1
```

N-S 流程图如图 7-11 所示。

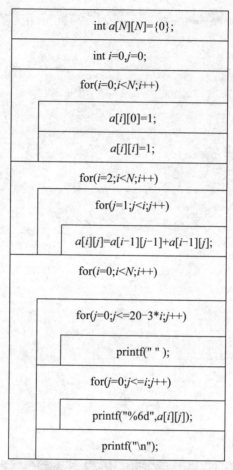

图 7-11　N-S 流程图

C 源程序（文件名 sysj7-1-3.c）：

```c
#include<stdio.h>
#define N 6
void main()
{
   int a[N][N]={0};
   int i=0,j=0;
   for(i=0;i<N;i++)             /*为第 1 列和对角线上的元素赋 1*/
   {
     a[i][0]=1;
a[i][i]=1;
}
   for(i=2;i<N;i++)
     {
for(j=1;j<i;j++)       /*对角线上的元素已被赋值，所以 j<i*/
         {
```

```
a[i][j]=a[i-1][j-1]+a[i-1][j];      /*为其他元素赋值*/
          }
      }
  for(i=0;i<N;i++)
  {
for(j=0;j<20-3*i;j++)      /*每行输出起始位置由输出空格来控制*/
        printf("");
    for(j=0;j<=i;j++)      /* 输出数据，每个数字占 6 位*/
    {
      printf("%6d",a[i][j]);
    }
    printf("\n");
  }
}
```

运行结果如图 7-12 所示。

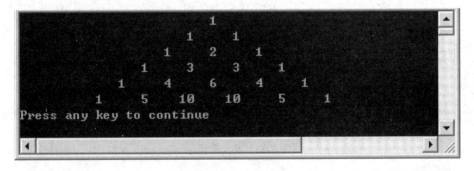

图 7-12　运行结果

2. 实验 1：上机思考题参考

请编写程序，输出以下形式的方阵：

```
111111111
122222221
123333321
123444321
123454321
123444321
123333321
122222221
111111111
```

N-S 流程图如图 7-13 所示。

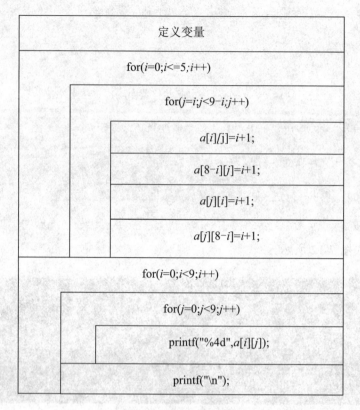

图 7-13　N-S 流程图

C 源程序（文件名 sysk7-1-1.c）：

```
#include<stdio.h>
void main()
{
  int a[9][9],i,j;
  for(i=0;i<=5;i++)
    for(j=i;j<9-i;j++)
    {
    a[i][j]=i+1;
    a[8-i][j]=i+1;
    a[j][i]=i+1;
    a[j][8-i]=i+1;
    }

  for(i=0;i<9;i++)
    {
    for(j=0;j<9;j++)
        printf("%4d",a[i][j]);
        printf("\n");
    }

}
```

运行结果如图 7-14 所示。

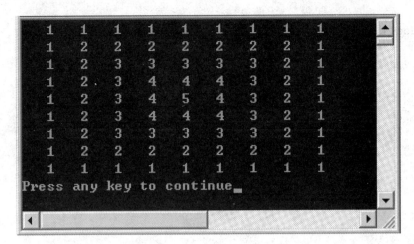

图 7-14　运行结果

3. 实验 2：上机实验题参考

（1）　输入一行字符串，统计该字符串中字符对"ab"的个数。

N-S 流程图如图 7-15 所示。

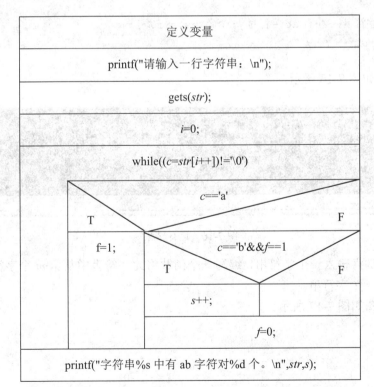

图 7-15　N-S 流程图

C 源程序（文件名 sysj7-2-1.c）：

```
#include<stdio.h>
#include<string.h>
void main()
{
char c,str[80];
int i,f,s=0;
printf("请输入一行字符串: \n");
gets(str);
i=0;
while((c=str[i++])!='\0')
{
   if(c=='a')
     f=1;
   else
   {
     if(c=='b'&&f==1)
         s++;
     f=0;
   }
}
printf("字符串%s 中有 ab 字符对%d 个。\n",str,s);
}
```

运行结果如图 7-16 所示。

图 7-16 运行结果

（2）从键盘输入一个字符串，编写一个函数将此字符串中从第 m 个字符开始的 n 个字符复制成另一个字符串。

N-S 流程图如图 7-17 所示。

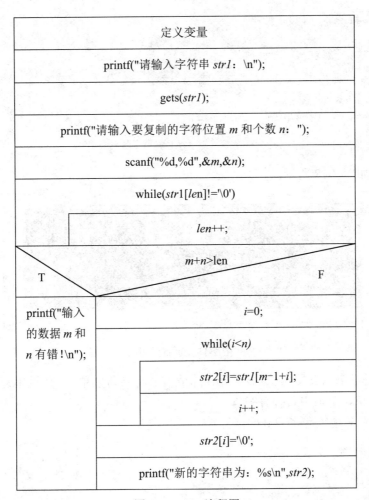

图 7-17　N-S 流程图

C 源程序（文件名 sysj7-2-2.c）：

```
#include<stdio.h>
#include<string.h>
void main()
{
    char str1[80],str2[80];
    int m,n,i,len=0;
    printf("请输入字符串 str1: \n");
    gets(str1);
    printf("请输入要复制的字符位置 m 和个数 n: ");
    scanf("%d,%d",&m,&n);
    while(str1[len]!='\0')
        len++;
    if(m+n>len)
        printf("输入的数据 m 和 n 有错! \n");
    else
    {
        i=0;
```

```
  while(i<n)
  {
      str2[i]=str1[m-1+i];
      i++;
  }
  str2[i]='\0';
  printf("新的字符串为：%s\n",str2);
}
}
```

运行结果如图 7-18 所示。

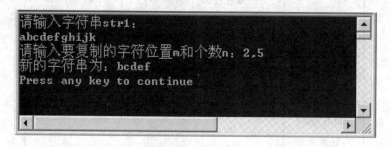

图 7-18   运行结果

（3）从键盘输入英文句子，找出第 1 个含有 3 个字母的单词。假设单词以空格隔开，句子以"."结束，单词中只含有字母。

C 源程序（文件名 sysj7-2-3.c）：

```
#include<stdio.h>
#include<string.h>
void main()
{
  char a[81];
  int i=0,flag=0,len=0;
  printf("请输入一条英文句子：");
  gets(a);
  while(a[i]!='.')
  {
   if(a[i]!=' ')
      len++;
   else if(len==3)
   {
      printf("%c%c%c\n",a[i-3],a[i-2],a[i-1]);
      flag=1;
      break;
   }
   else
      len=0;
   i++;
  }
  if(flag!=1)
  printf("不存在！\n");
```

}

运行结果如图 7-19 所示。

```
请输入一条英文句子：Let's go to the park together.
the
Press any key to continue_
```

图 7-19　运行结果

4.　实验 2：上机思考题参考

从一个键盘输入的字符串中找出最大的字符，并与它前一个字符对调，如果第 1 个字符最大，则与最后一个对调。

N-S 流程图如图 7-20 所示。

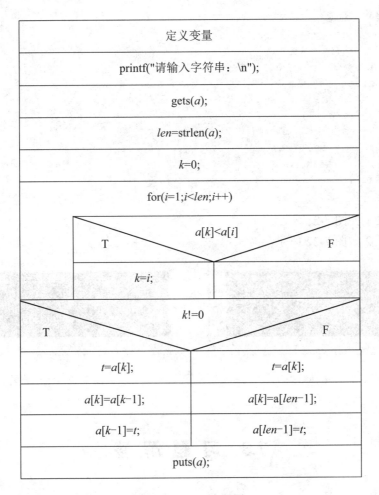

定义变量		
printf("请输入字符串：\n");		
gets(a);		
len=strlen(a);		
k=0;		
for(i=1;$i<len$;i++)		
$a[k]<a[i]$		
T 　　　　　　F		
k=i;		
k!=0		
T 　　　　　　F		
t=$a[k]$;	t=$a[k]$;
$a[k]$=$a[k-1]$;	$a[k]$=a$[len-1]$;
$a[k-1]$=t;	$a[len-1]$=t;
puts(a);		

图 7-20　N-S 流程图

C 源程序（文件名 sysk7-2-1.c）：

```c
#include<stdio.h>
#include<string.h>
void main()
{
    char a[10];
    int i,k,t,len;
    printf("请输入字符串：\n");
    gets(a);
        len=strlen(a);
        k=0;
        for(i=1;i<len;i++)
            if(a[k]<a[i])
                k=i;
        if(k!=0)
        {
            t=a[k];
            a[k]=a[k-1];
            a[k-1]=t;
        }
        else
        {
            t=a[k];
            a[k]=a[len-1];
            a[len-1]=t;
        }
    puts(a);
}
```

运行结果 1 如图 7-21 所示。

运行结果 2 如图 7-22 所示。

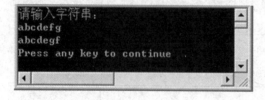

图 7-21　运行结果 1

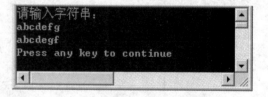

图 7-22　运行结果 2

7.3　习 题 解 答

1．选择题

（1）～（5）C、B、D、B、C　（6）～（10）D、D、C、B、A

2. 填空题

（1） *strlen*(*a*)、*b*[1-*i*-1]、*flag*

（2） *i*==*j* || *i*+*j*==6、*a*[*i*][*j*]=2、*i*<*j* && *i*+*j*>6、printf（"\n"）

（3） *str*、*str*[i]!='\0'、*str*[*k*]=*str*[*i*]、*str*[*k*]='\0

3. 改错题

（1） for(*i*=0;*i*<10;*i*++)、if(*number*>*end*) *a*[10]=*number*;、if(*a*[*i*]>*number*)

（2） #define *N* 7、*a*[*i*][*j*]=' ';、*z*=*z*-1、printf("%c",*a*[*i*][*j*]);

（3） gets (*str*[*i*]);、if(strcmp (*str*[*i*],*str*[*j*]) > 0)

4. 阅读题

（1） 有一个 4×4 的矩阵，每一行中最大的数与这一行的第 1 个数据交换位置。

（2） 有一个字符数组中存放 5 个字符串，把这 5 个字符串按升序排列后输出。

（3） 升序排列 10 个数。

5. 编程题

（1） 编写程序，从键盘输入 10 个数存放在数组 *a* 中，再将 *a* 的元素中所有偶数存放在数组 *b* 中。

N-S 流程图如图 7-23 所示。

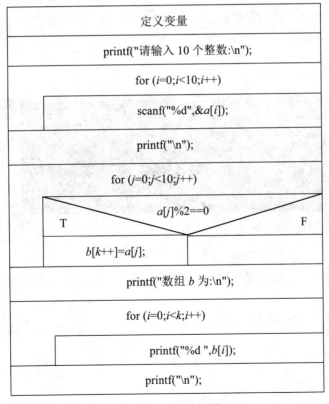

图 7-23　N-S 流程图

C 源程序（文件名 xt7-1.c）：

```
#include <stdio.h>
void main()
{
  int a[10],b[10];
  int i,j,k=0;
  printf("请输入 10 个整数:\n");
  for (i=0;i<10;i++)
  {
    scanf("%d",&a[i]);
  }
  printf("\n");
  for (j=0;j<10;j++)
  {
        if(a[j]%2==0)
      b[k++]=a[j];
  }
  printf("数组 b 为:\n");
  for (i=0;i<k;i++)
  {
    printf("%d ",b[i]);
  }
  printf("\n");
}
```

运行结果如图 7-24 所示。

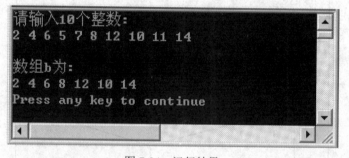

图 7-24　运行结果

（2）编写程序，从键盘输入若干个英文字母，并统计各字母出现的次数（不区分大小写）。

N-S 流程图如图 7-25 所示。

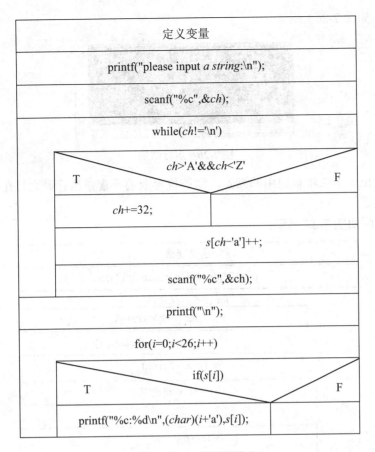

图 7-25　N-S 流程图

C 源程序（文件名 xt7-2.c）：

```c
#include<stdio.h>
void main()
{
char ch;  /*ch用来每次接收一个字符*/
int i,s[26]={0};      /*数组s[]用来统计每个小写字母的个数*/
printf("please input a string:\n");
scanf("%c",&ch);
while(ch!='\n')     /*输入一行字符，按Enter键结束*/
{
   if(ch>'A'&&ch<'Z')    /*遇到大写字母时，转换成小写字母来处理*/
     ch+=32;
   s[ch-'a']++; /*0~25对应a~z*/
   scanf("%c",&ch);
}
printf("\n");
for(i=0;i<26;i++)
   if(s[i])   /*只输出输入过的字母统计*/
     printf("%c:%d\n",(char)(i+'a'),s[i]);  /*(char)(i+'a')用强制*/
}
```

运行结果如图 7-26 所示。

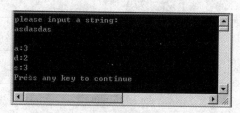

图 7-26 运行结果

（3） 找出一个二维数组中的鞍点，即该位置上的元素在该行最大且在该列最小，也可能没有鞍点。

N-S 流程图如图 7-27 所示。

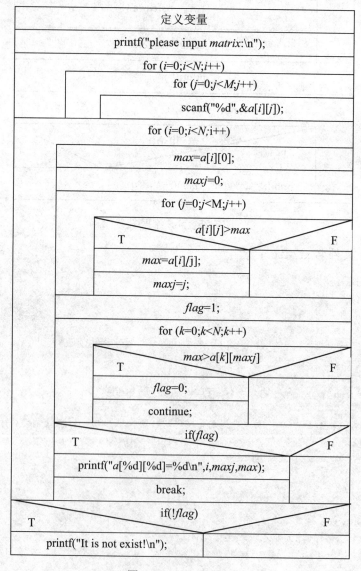

图 7-27 N-S 流程图

C 源程序（文件名 xt7-3.c）：

```c
#include <stdio.h>
#define N 4
#define M 5                      /* 数组为 4 行 5 列 */
int main()
{
  int i,j,k,a[N][M],max,maxj,flag;
  printf("please input matrix:\n");
  for (i=0;i<N;i++)              /* 输入数组 */
    for (j=0;j<M;j++)
    scanf("%d",&a[i][j]);
  for (i=0;i<N;i++)
  {
max=a[i][0];                     /*开始时假设 a[i][0] 最大 */
    maxj=0;                      /* 将列号 0 赋给 maxj 保存 */
    for (j=0;j<M;j++)           /* 找出第 i 行中的最大数 */
      if (a[i][j]>max)
    {
max=a[i][j];                     /* 将本行的最大数存放在 max 中 */
           maxj=j;               /* 将最大数所在的列号存放在 maxj 中 */
    }
    flag=1;                      /* 先假设是鞍点，以 flag 为 1 代表 */
    for (k=0;k<N;k++)
     if (max>a[k][maxj])         /* 将最大数和其同列元素相比 */
     {
flag=0;              /* 如果 max 不是同列最小，表示不是鞍点令 flag1 为 0 */
       continue;
}
    if(flag)                     /* 如果 flag1 为 1 表示是鞍点 */
  {
printf("a[%d][%d]=%d\n",i,maxj,max);     /* 输出鞍点的值和所在行列号 */
    break;
  }
  }
  if(!flag)                      /* 如果 flag 为 0 表示鞍点不存在 */
   printf("It is not exist!\n");
}
```

运行结果如图 7-28 所示。

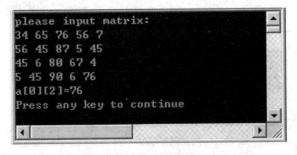

图 7-28　运行结果

（4） 编写一个程序，将两个字符串连接起来，不要用 strcat 函数。

N-S 流程图如图 7-29 所示。

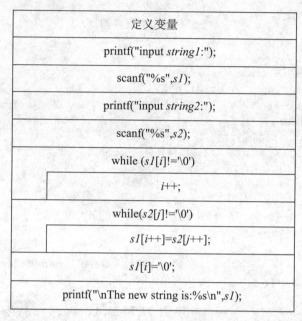

图 7-29　N-S 流程图

C 源程序（文件名 xt7-4.c）：

```c
#include <stdio.h>
int main()
{ char s1[80],s2[40];
  int i=0,j=0;
  printf("input string1: ");
  scanf("%s",s1);
  printf("input string2: ");
  scanf("%s",s2);
  while (s1[i]!='\0')
    i++;
  while(s2[j]!='\0')
    s1[i++]=s2[j++];
  s1[i]='\0';
  printf("\nThe new string is:%s\n",s1);
}
```

运行结果如图 7-30 所示。

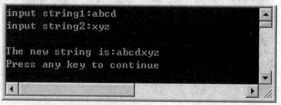

图 7-30　运行结果

第 **8** 章　函数与编译预处理

8.1　知　识　介　绍

1.　库函数和函数定义

（1）　库函数。

库函数由 C 系统提供，用户无须定义。也不必在程序中声明类型，只需在程序前包含该函数原型的头文件即可在程序中直接调用。

Printf、scanf、getchar、putchar、gets、puts 和 strcat 等函数均属于此类。

（2）　无参函数。

一般格式如下：

```
类型说明符  函数名（）
 {
类型说明
语句
  }
```

其中类型说明符和函数名称为"函数头"，类型说明符指定本函数的类型。即函数返回值的类型，如：

```
void hello()
{
printf("Hello,word\n");
```

（3）　有参函数。

一般格式如下：

```
类型声明符   函数名（形式参数表）
形式参数类型声明
 {
 类型声明
 语句
  }
```

有参函数比无参函数多了形式参数表和形式参数类型声明，在形参表中给出的参数称为"形式参数"。它们可以是各种类型的变量，各参数之间用逗号隔开。在调用函数时，主调函数将赋予这些形式参数实际值。形参是变量，必须声明其类型。例如，定义一个函数用于求两个数中的大数，可写为：

```
int max(int a,int b)
{
if (a>b) return a;      /*函数的值返回给主调函数*/
else return b;          /*函数的值返回给主调函数*/
}
```

2. 函数的嵌套调用

C 语言中不允许定义嵌套的函数，因此各函数之间是平行的，不存在上一级和下一级函数的问题。但 C 语言允许在一个函数的定义中调用另一个函数，这样就出现了函数的嵌套调用。即在被调用函数中又调用其他函数，这与其他语言的子程序嵌套类似，如：

```
long f1(int p)
{
    ┊
f2(q);
    ┊
}
long f2(int q)
{
    ┊
}
```

在 f1 中又调用函数 f2。

3. 函数的递归调用

一个函数在它的函数体内调用自身称为"递归调用"，这种函数称为"递归函数"。C 语言允许函数的递归调用。在递归调用中主调函数又是被调函数，执行递归函数将反复调用其自身，每调用一次就进入新的一层。例如，函数 f 如下：

```
int f(int x)
{
int y;
z=f(y);
return z;
}
```

4. 数组名作为函数参数

用数组元素作为实参时，只要数组类型和函数的形参变量的类型一致，那么作为下标变量的数组元素的类型也和函数形参变量的类型一致，如：

```
float aver(float a[5])
```

```
{
    ⋮
}
void main()
{
    ⋮
for(i=0;i<5;i++)
    scanf("%f",&sco[i]);
av=aver(sco);
    ⋮
}
```

在普通变量或者下标变量作为参数时，形参变量和实参变量是由编译系统分配的两个不同的内存单元，在函数调用时发生的值传送是把实参变量的值赋予形参变量。

5. 变量的作用域

（1）局部变量。

局部变量也称为"内部变量"，在函数内声明。其作用域仅限于函数内，离开函数后使用这种变量是非法的，如：

```
int f1(int a)   /*函数f1*/
{
int b,c;
    ⋮
}a,b,c作用域
int f2(int x)    /*函数f2*/
{
int y,z;
}x,y,z作用域
main()
{
int m,n;
}
```

（2）全局变量。

全局变量也称为"外部变量"，在函数外部定义。它不属于哪一个函数，而属于一个源程序文件，其作用域是整个源程序。在函数中使用全局变量，一般应声明，只有在函数内经过声明的全局变量才能够使用。全局变量的声明符为 extern。但在一个函数之前定义的全局变量在该函数内使用可不再加以声明，如：

```
int a,b;  /*外部变量*/
void f1()  /*函数f1*/
{
    ⋮
}
float x,y;  /*外部变量*/
```

```
int fz()   /*函数 fz*/
{
   ┊
}
main()   /*主函数*/
{
   ┊
}   /*全局变量 x,y 作用域, 全局变量 a,b 作用域*/
```

（3） 自动变量。

自动变量的作用域仅局限于定义该变量的个体内，在函数中定义的自动变量只在该函数内有效。在复合语句中定义的自动变量只在该复合语句中有效，如：

```
int kv(int a)
{
auto int x,y;
{ auto char c;
}  /*c 的作用域*/
   ┊
}  /*a,x,y 的作用域*/
```

（4） 静态变量。

静态变量包括静态局部变量和静态全局变量。

- 静态局部变量。

在局部变量的声明前再加上 static 声明符构成静态局部变量，如：

```
static int a,b;
static float array[5]={1,2,3,4,5};
```

- 静态全局变量。

全局变量本身就是静态存储方式，静态全局变量也是该存储方式。二者的区别在于非静态全局变量的作用域是整个源程序，当一个源程序由多个源文件组成时非静态的全局变量在各个源文件中都是有效的；静态全局变量只在定义它的源文件内有效。

6. 内部函数和外部函数

（1） 内部函数。

如果在一个源文件中定义的函数只能被本文件中的函数调用，而不能被同一源程序其他文件中的函数调用，这种函数称为"内部函数"，定义内部函数的一般格式是：

```
static 类型声明符 函数名（形参表）
```

例如：

```
static int f (int a,int b)
```

内部函数也称为"静态函数"，此处静态 static 的含义已不是指存储方式，而是指函数的调用范围只局限于本文件，因此在不同的源文件中定义同名静态函数不会引起混淆。

（2） 外部函数。

外部函数在整个源程序中都有效，其定义的一般格式为：

```
extern 类型声明符 函数名（形参表）
```

例如：

```
extern int f(int a, int b)
```

如在函数定义中没有声明 extern 或 static，则隐含为 extern。在一个源文件的函数调用中调用其他源文件中定义的外部函数时，应用 extern 声明被调用函数为外部函数，如：

f1.c（源文件 1）：

```
main()
{
extern int f1(int i);   /*外部函数声明，表示 f1 函数在其他源文件中*/
……
}
```

f2.c（源文件 2）：

```
extern int f1(int i);   /*外部函数定义*/
{
……
}
```

8.2　实 验 部 分

8.2.1　实验 1：简单的函数定义及调用

1.　目的

（1）　熟练掌握简单函数的定义及一般调用规则，了解函数调用的执行过程。

（2）　熟练掌握用函数解决数学问题。

2.　实验示例

【例 8-1】编写一个求最大公约数函数，在主函数中输入两个整数，调用该函数后输出它们的最大公约数。

算法分析：在函数中要判断的数应该作为参数由主函数传递过来，经过函数内部计算求得最大公约数。然后将其作为返回值返回主函数，因此函数的原型应设计为：

```
int  gys(int m,int n);
```

求整数 m 和 n 最大公约数算法步骤如下。

（1）　已知 m 和 n，使得 $m>n$。

（2）　m 除以 n 得余数 r。

（3）　若 $r=0$，则 n 为所求的最大公约数，算法结束；否则执行第（4）步。

（4） $m \leftarrow n$，$n \leftarrow r$，然后返回执行第（2）步。

主函数的 N-S 流程图如图 8-1 所示。

最大公约数 gys 函数的 N-S 流程图如图 8-2 所示。

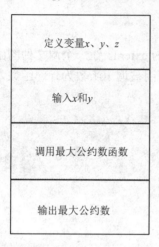

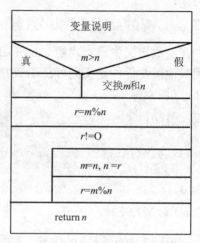

图 8-1　主函数的 N-S 流程图　　　　　　图 8-2　最大公约数 gys 函数的 N-S 流程图

C 源程序（文件名 sylt8-1-1.c）：

```c
#include<stdio.h>
int  gys(int m,int n)
{
  int  r,t;
  if(m<n)
  {
    t=n;
    n=m;
    m=t;
  }
r=m%n;
while(r!=0)
{
  m=n;
  n=r;
  r=m%n;
}
return  n;
}
void  main()
{
  int  x,y,z;
  printf("输入两个整数：\n");
  scanf("%d%d",&x,&y);
  z=gys(x,y);
  printf("最大公约数是=%d\n",z);
}
```

运行结果如图 8-3 所示。

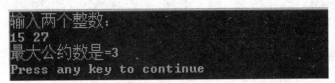

图 8-3 运行结果

说明如下。

（1）注意定义变量的初始化，防止在程序中使用未赋值的变量。

（2）注意定义函数的返回值及位置，防止函数调用失败。

（3）注意输入数据的范围，防止超过最大或者最小范围；否则会出现结果的不可预测性。

【例 8-2】从键盘上输入任意一个整数 n，使用递归的方法求 $1+3+5+\cdots+n$ 或 $2+4+6+\cdots+n$。即如果 n 是奇数，则计算奇数之和；若 n 是偶数，则计算偶数之和。

算法分析：为计算奇数或偶数之和，在递归函数中要不断地调用自身直到 $n=1$（奇数之和递归）或 $n=2$（偶数之和递归）为止。然后在递归函数中依次得到 $1+3+5+\cdots+n$ 或 $2+4+6+\cdots+n$，最后将得到的结果返回到主函数。

如果输入的是偶数 n，则递归调用求偶数和的函数 f2 分别计算 n 以内的所有偶数和；如果输入的是奇数，则递归调用求奇数和的函数 f1 计算 n 以内的所有奇数的和。

C 源程序（文件名 sylt8-1-2.c）：

```c
#include <stdio.h>
int  f1(int n)
{
  if(n==1)
    return 1;
  else
    return n+f1(n-2);
}
int f2(int n)
{
  if(n==2)
    return 2;
  else
    return n+f2(n-2);
}
 void main()
{
  int n;
  printf("请输入一个大于 0 的正整数,计算奇数之和或偶数之和: \n");
  scanf("%d",&n);
  while (n<=0)
  {
   printf("请输入的正整数不能<=0,请重新输入: ");
   scanf("%d",&n);
```

```
   }
 if (n%2==1)
   printf("1 加到%d 的奇数之和为 : %d\n",n,f1(n));
 else
   printf("2 加到%d 的偶数之和为 : %d\n",n,f2(n));
}
```

n 为奇数的运行结果如图 8-4 所示。

图 8-4 *n* 为奇数的运行结果

n 为偶数的运行结果如图 8-5 所示。

图 8-5 *n* 为偶数的运行结果

3. 上机实验

（1）输入任意两个数 *m* 和 *n* 的值，编写一个求阶层函数，计算输出下列表达式的值。

$$S = \frac{m!}{(m-n)!n!}$$

（2）编写一个函数，统计字符串中字母、数字、空格和其他字符的个数，在主函数中调用该函数完成统计、字符串的输入，以及结果输出。

8.2.2 实验 2：数组作为参数的函数调用及宏定义

1. 目的

（1）熟练掌握数组作为参数的函数定义。
（2）熟练掌握函数的传地址调用方法。
（3）掌握实参之间传递数据信息的过程。
（4）掌握带参数的宏定义。

2. 实验示例

【例 8-3】编写一个函数在已排序的数组中插入某个指定的数。

算法分析：针对已排序的数组和要插入的数，在主调函数中应考虑以一个数组参数和一个普通参数的形式传递给被调函数。这样在被调函数中操作形参数组就是操作主调函数中的数组，因此函数的原型应设计为 void insert(int *a*[],int *x*);。

首先通过循环将数组中的数逐个与指定的数比较，找到这个数在数组中的插入位置，然后将从该位置开始的所有数依次向后移一位。注意要从倒数第 1 个数开始移动，最后把指定的数插入到找到的位置。

主函数的 N-S 流程图如图 8-6 所示。

insert 插入函数的 N-S 流程图如图 8-7 所示。

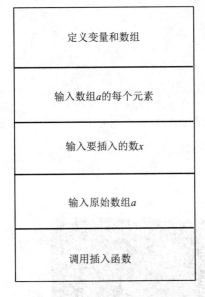

定义局部变量
$k=0$
$x>a[k]$
k++
$i=n-1$
$x>a[k]$
$a[i-1] \leftarrow a[i]$
$a[k] \leftarrow a$

图 8-6　主函数的 N-S 流程图　　　　图 8-7　insert 插入函数的 N-S 流程图

C 源程序（文件名 sylt8-2-1.c）：

```
#include <stdio.h>
void arr(int a[],int n);              /*声明排序函数*/
void insert(int a[],int num);         /*声明插入并排序函数*/
int n=5;                              /*定义数据个数，可修改*/
void main()
{
int a[10],num,j,i;
printf("请输入排序好的原始数组: ");
for(i = 0;i < 5;i++)
   scanf("%d",&a[i]);
printf("排序好的数组为: \n");
for (j=0;j<n;++j)
    printf("%d",a[j]);               /*输出排序好的原始数据*/
printf("\n 请输入要插入的数: ");
scanf("%d",&num);
printf("插%d 后的数组为: \n",num);
insert(a,num);                        /*调用插入并排序函数*/
putchar('\n');
}
void arr(int a[],int n)               /*排序函数*/
{
   int k,j,h;
   for (k=0;k<10;++k)
```

```
    for (j=0;j<n-k-1;++j)
        if (a[1+j]<a[j])
        {
            h=a[1+j];
            a[1+j]=a[j];
            a[j]=h;
        }
}
void insert(int a[],int num)
{
  void arr(int a[],int n);
  int i;
  a[n]=num;                    /*将插入的数排在数组最后一位*/
  arr(a,n+1);                  /*将新数组重新排序*/
  for (i=0;i<(n+1);++i)
    printf("%d",a[i]);
}
```

运行结果如图 8-8 所示。

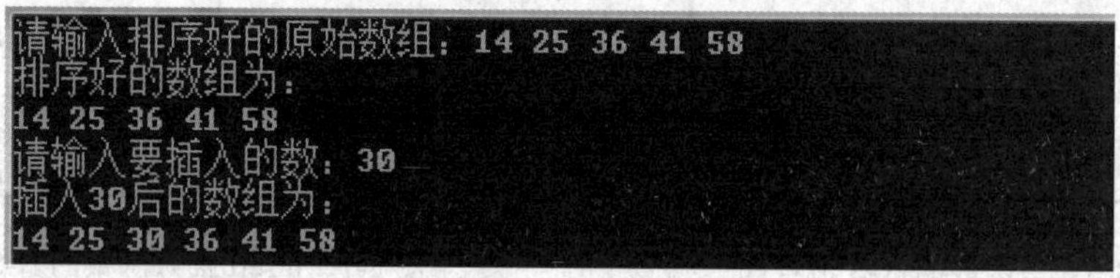

图 8-8 运行结果

【例 8-4】编写一个字符串逆序存放的函数 reverse()，并由主函数调用实现对字符串的逆序操作。

算法分析：本例要完成字符串顺序的转换操作，为此需设计一个专门的函数实现，然后在主函数中调用它。

C 源程序（文件名 sylt8-2-2.c）：

```
#include"string.h"
#include"stdio.h"
void  main()
{
   void reverse(char ss[]);
   char s[70];
   printf("请输入一个字符串:\n");
   scanf("%s",s);
   reverse(s);
   printf("逆序存放后:\n%s\n",s);
}
void reverse(char ss[])
{
   char t;
   int i,j;
   for(i=0,j=strlen(ss)-1;i<j;i++,j--)
```

```
/*循环前让 i 指向串首，j 指向串尾'\0'字符前一个字符，每一次循环中，交换 i 和 j*/
/*指向的目标内容，然后正向移动标记 i，逆向移动标记 j，直到 p>=q 为止*/
    {
        t=ss[i];
        ss[i]=ss[j];
        ss[j]=t;
    }
}
```

运行结果如图 8-9 所示。

图 8-9　运行结果

说明如下。

（1）　在输入字符串时注意长度。

（2）　定义函数之后注意定义的变量及函数赋值正确。

（3）　注意循环结束条件，即当字符数组的输入通过循环输入时必须在最后添加字符'\0'；否则将用字符个数来控制循环。

【例 8-5】编写程序实现 3 行 3 列矩阵的转置（即行列互换）。

算法分析：本例的关键在于行列下标的转换算法，由矩阵的对称性我们不难看出在进行列互换时 $a[i][j]$ 正好与 $a[j][i]$ 互换。因而只要让程序走完矩阵的左上角即可，使用 for($i=0;i<2;i++$) 再嵌套 for($j=i+1;j<3;j++$)来完成左上角的互换。

C 源程序（文件名 sylt8-2-3.c）：

```c
#include <stdio.h>
int fun(int array[3][3])
{
  int i,j,t;
for(i=0;i<2;i++)
for(j=i+1;j<3;j++)
{
t=array[i][j];
array[i][j]=array[j][i];
array[j][i]=t;}
}
void main()
{
int i,j;
int array[3][3]={{1,2,3},{4,5,6},{7,8,9}};
for(i=0;i<3;i++)
{
for(j=0;j<3;j++)
printf("%7d",array[i][j]);
```

```
printf("\n");
}
fun(array);
printf("Converted array:\n");
for(i=0;i<3;i++)
{
for(j=0;j<3;j++)
    printf("%7d",array[i][j]);
printf("\n");
}
}
```

运行结果如图 8-10 所示。

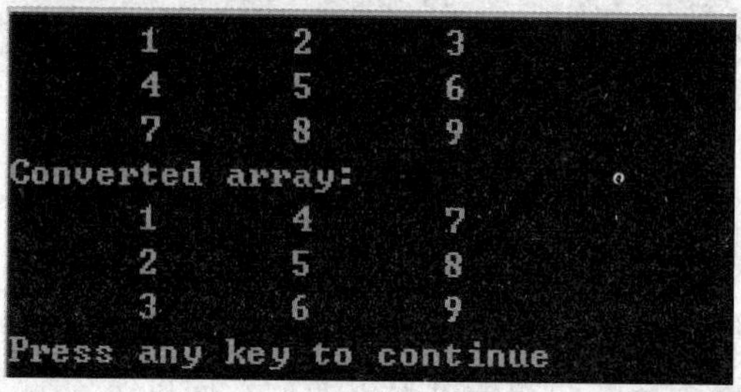

图 8-10　运行结果

【例 8-6】从 3 个整数中求出最大数的宏定义。

算法分析：本例显然是要用带参数的宏定义，在宏定义中字符序列中出现的形参应该用圆括号括起；否则实参为表达式时返回结果可能是不正确的。

首先定义一个从两个数中求最大值的宏定义 MAX2，然后利用这个宏定义再定义从 3个数中求最大值的宏定义 MAX3。

C 源程序（文件名 sylt8-2-4.c）：

```
#include <stdio.h>
#define MAX2(A,B) ((A)>(B)?(A):(B))
#define MAX3(A,B,C) MAX2(MAX2((A),(B)),(C))
void main()
{
int x, y, z;
printf("请输入三个整数: ");
scanf("%d%d%d",&x,&y,&z);
printf("最大值为: %d\n",MAX3(x,y,z));
}
```

运行结果如图 8-11 所示。

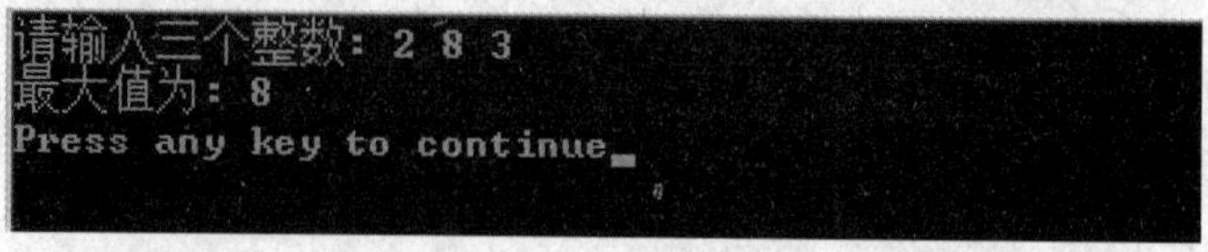

图 8-11　运行结果

3. 上机实验

（1） 编写一个子函数排序 n 个整数，由主函数从键盘输入若干个数，调用子函数排序，并在主函数中输出显示。

（2）编写函数 fun 从字符串中删除指定的字符,同一字母的大小写按不同字符处理。例如，若程序执行时，输入字符串为"turbo c and borland c++"。从键盘上输入字符 n，则输出后变为"turbo c ad borlad c++"。如果输入的字符串不存在，则字符串照原样输出。

（3） 请编写函数 fun 求二维数组周边元素之和作为函数值返回，二维数组中的值在主函数中赋予。例如，二维数组中的值为：

1　2　3
4　5　6
7　8　9

则程序输出结果为40。

（4） m 个学生的成绩存放在 score 数组中，请编写函数 fun 将低于平均分的人数作为函数值返回。例如，当 score 数组中的数据为 10、20、30、40、50、60、70、80、90 时函数返回的人数应该是 4；*below* 中的数据应为 10、20、30、40。

4. 上机思考

编写函数把无符号整数 n 变成二进制字符串，并返回该字符串的首地址。

8.2.3　实验参考

1. 实验 1：上机实验题参考

（1） 输入任意两个整数 m 和 n 的值，编写一个求阶层函数，计算输出下列表达式的值。

$$S = \frac{m!}{(m-n)!n!}$$

算法分析：编写一函数 fac(*n*)返回 *n*!的值，编写主函数从键盘输入 m 和 n 的值，调用 fac()函数计算表达式的值并将其输出。

C 源程序（文件名 sysj8-1-1.c）：

```
#include "stdio.h"
long fac(int n)
{
 if (n==1)
     return 1;
 else
return n*fac(n-1);
}
void main()
{ int m,n,t; long s;
printf("请输入两个整数：");
```

```
scanf("%d%d",&m,&n);
if(m<n)
{t=m;m=n;n=t;}
printf("s=%ld\n",fac(m)/(fac(m-n)*fac(n)));
}
```

运行结果如图 8-12 所示。

图 8-12　运行结果

实验分析与讨论如下。

- 被调函数的实现及调用过程。
- 简单递归问题的实现。
- 变量的作用范围的正确应用。

（2）编写一个函数统计字符串中字母、数字、空格和其他字符的个数，在主函数中调用该函数完成统计、字符串输入，以及结果输出。

算法分析：首先定义一个统计字符的函数 compute(int c)实现字符统计，在主函数中输入字符串，调用 compute 函数分类统计，最后依次输出字母、数字、空格和其他字符的个数。

C 源程序（文件名 sysj8-1-2.c）：

```
#include<stdio.h>
static int e,x,y,z;
int c=0;
void compute(int c)
{
    if((c>='a'&&c<='z')||(c>='A'&&c<='Z'))
        e++;
    else
        if (c==' ')
          x++;
        else
            if(c>='0'&&c<='9')
              y++;
            else
              z++;
}
void  main()
{
    e=0;x=0;y=0;z=0;
    printf("请输入一个字符串: \n");
    while((c=getchar())!='\n')
    {
        compute(c);
    }
```

```
    printf("字母个数：%d\n",e);
    printf("空格个数：%d\n",x);
    printf("数字个数：%d\n",y);
    printf("其他字符个数：%d\n",z);
}
```

运行结果如图 8-13 所示。

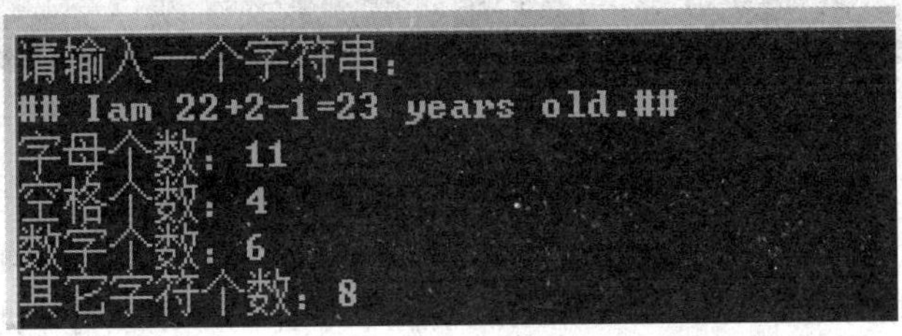

图 8-13　运行结果

2.　实验 2：上机实验题参考

（1）　编写一个子函数排序 n 个整数，由主函数从键盘输入若干个数。然后调用子函数排序，并在主函数中输出显示。

算法分析：函数的设计以两个参数来实现，一个是接收主函数传来的数组首地址；另一个是接收排序的整数个数，如 sort(int $a[]$,int n)。

主函数的实现包括定义一整型数组、从键盘上接收若干个整数、调用子函数 sort，以及输出最后结果。

C 源程序（文件名 sysj8-2-1.c）：

```
#include "stdio.h"
void sort(int a[],int n)          /*选择排序算法*/
{
int i,j,t;
  for(i=0;i<n-1;i++)
      for(j=i+1;j<n;j++)
          if (a[i]>a[j])
{t=a[i];a[i]=a[j];a[j]=t;}
}
void main()
{
int a[10],i;
  printf("请输入 10 个整数：\n");
  for(i=0;i<10;i++)
    scanf("%d",&a[i]);
  printf("输入的数值序列为：");
  for(i=0;i<10;i++)
printf("%4d",a[i]);
  printf("\n");
sort(a,10);
  printf("排序结果为：");
  for(i=0;i<10;i++)
```

```
printf("%4d",a[i]);
  putchar('\n');
}
```

运行结果如图 8-14 所示。

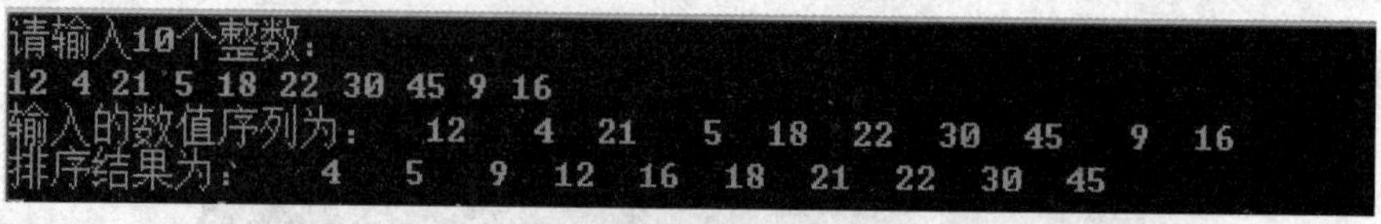

图 8-14 运行结果

（2）编写函数 fun 从字符串中删除指定的字符，同一字母的大小写按不同字符处理。例如，若程序执行时输入字符串"turbo c and borland c++"。从键盘上输入字符 n，则输出后变为"turbo c ad borlad c++"。如果输入的字符串不存在，则字符串照原样输出。

算法分析：本例的算法是让 *i* 控制一个一个字符向后移动，在移动过程中如果 *s[i]* 不是要删除的字符，则将其按顺序放到新串 *s* 中。用 *k* 来控制新串的下标，由于要删除一些元素，因此新串的下标总是比原下标 *i* 要小。

C 源程序（文件名 sysj8-2-2.c）：

```
#include <stdio.h>
int fun(char s[],int c)
{
int i,k=0;
for(i=0;s[i];i++)
if(s[i]!=c) s[k++]=s[i];
s[k]='\0';
}
void main()
{
  static char str[]="turbo c and borland c++";
char ch;
printf("原字符串:%s\n",str);
printf("要删除的字符: ");
scanf("%c",&ch);
fun(str,ch);
printf("删除后的字符串: %s\n",str);
}
```

运行结果如图 8-15 所示。

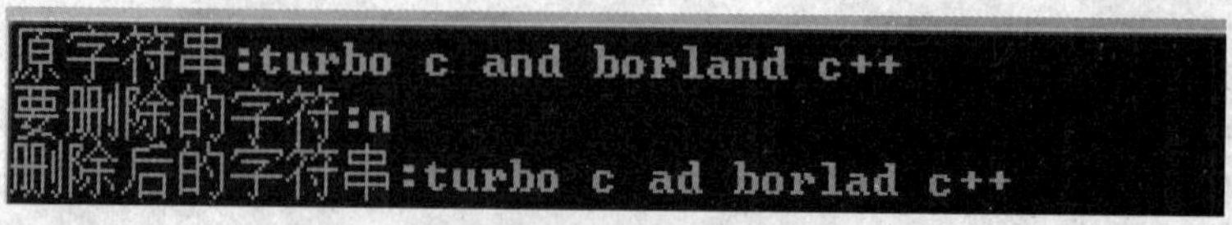

图 8-15 运行结果

（3）请编写函数 fun 求二维数组周边元素之和，不作为函数值返回，二维数组中的值在主函数中赋予。例如，二维数组中的值为：

```
    2    2    3
    5    5    6
    8    8    9
```

则程序输出结果为 40。

算法分析：本例的第 1 个 for 循环计算矩阵的最上一行和最下一行的总和；第 2 个 for 循环计算除两头元素以外的最左一列和最右一列的元素的和，最后 *sun* 就是周边元素的和。

C 源程序（文件名 sysj8-2-3.c）：

```c
#include <stdio.h>
#define M 4
#define N 5
int fun(int a[M][N])
{
int sum=0,i;
for(i=0;i<N;i++)
    sum+=a[0][i]+a[M-1][i];
for(i=1;i<M-1;i++)
    sum+=a[i][0]+a[i][N-1];
return sum ;
}
void main()
{
 int aa[M][N]={{1,3,5,7,9},
{2,9,9,9,4},
{6,9,9,9,8},
{1,3,5,7,0}};
int i,j,y;
printf("The original data is :\n");
for(i=0;i<M;i++)
{
for(j=0;j<N;j++)
printf("%6d",aa[i][j]);
printf("\n");
}
y=fun(aa);
printf("\nThe sum: %d\n",y);
printf("\n");
}
```

运行结果如图 8-16 所示。

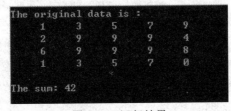

图 8-16　运行结果

（4） m 个学生的成绩存放在 score 数组中，请编写函数 fun 将低于平均分的人数作为函数值返回。例如，当 score 数组中的数据为 10、20、30、40、50、60、70、80、90 时，函数返回的人数应该是 4；below 中的数据应为：10、20、30、40。

算法分析：第 1 个 for 循环用来计算 score 数组中分数的总和，然后用 aver/=m 求出平均值；第 2 个循环用来找出小于平均分的元素，并放到数组 below 中，这里要注意 j 的递增方式。

C 源程序（文件名 sysj8-2-4.c）：

```
#include <string.h>
#include <stdio.h>
int fun(int score[],int m, int below[])
{
int i,j=0,aver=0;
for(i=0;i<m;i++)
  aver+=score[i];
aver/=m;
for(i=0;i<m;i++)
if(score[i]<aver)
  below[j++]=score[i];
return j;
}
void main()
{
int i,n,below[9];
int score[9]={10,20,30,40,50,60,70,80,90};
n=fun(score,9,below);
printf("\nBelow the average score are : ");
for(i=0;i<n;i++)
  printf("%4d",below[i]);
printf("\n");
}
```

运行结果如图 8-17 所示。

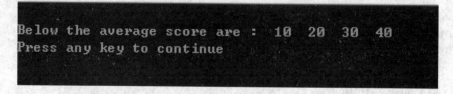

图 8-17　运行结果

3．实验 2：上机思考题参考

编写函数把无符号整数 n 变成二进制字符串表示。

算法分析：要完成计算机中数制的转换关键是要先编写函数完成二进制和十进制的转换，然后在主函数中调用它即可。

C 源程序（文件名 sysk8-2-1.c）：

```
#include"stdio.h"
char change(unsigned n)
{
    char a[16];
    int i;
    for(i=0;i<16;i++)
        a[i]='0';
    for(i=15;n!=0;i--)
    {
        a[i]=n%2+'0';
        n=n/2;
    }
    printf("二进制字符串是:\n");
    for(i=0;i<16;i++)
        printf("%c",a[i]);
putchar('\n');
}
void main()
{
  unsigned n;
  printf("请输入一个无符号整数: ");
  scanf("%d",&n);
  change(n);
}
```

运行结果如图 8-18 所示。

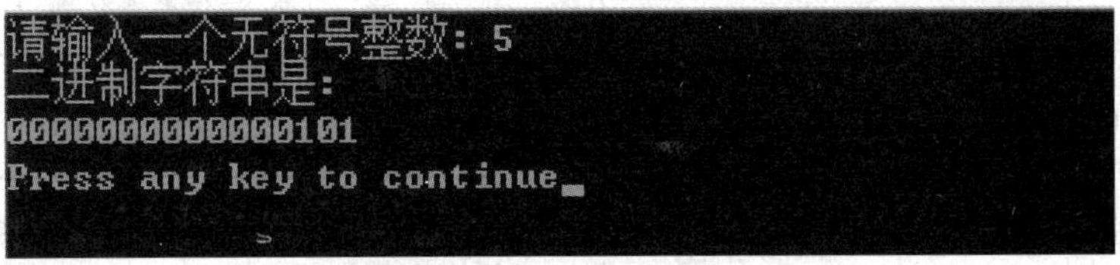

图 8-18　运行结果

8.3　习题解答

1. 选择题

（1）～（5）A、D、A、A、A

2. 判断题

（1）～（5）√、√、√、√、×

3. 填空题

（1） &n

（2） i%2

（3） 0

（4） return *flag*;

4. 改错题

（1） 改为 int *t*=1,*i*;

（2） 改为 for(*i*=1;*i*<*N*;*i*++)

（3） 改为 if(*i*%*m*==0)

（4） 改为 *t**=*i*;或 *t*=*t**i;

（5） 改为 printf("%d 以内所有%d 的倍数之积为：%d\n",*N*,7,*s*);

5. 编程题

（1） 编写一个查找函数，从键盘任意输入一个数在一个有 10 个元素的数组中查找。如果找到该数，则输出所处位置的下标；否则输出没有找到。

算法分析：当一组数据无序时一般用顺序查找，即把给定的值与这组数据中的每一个值顺序进行比较。如果找到，则输出这个值的位置；如果未找到，则输出"not found!"，利用一个循环即可实现。

主函数的 N-S 流程图如图 8-19 所示。

search 函数的 N-S 流程图如图 8-20 所示。

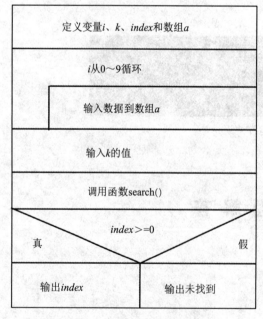

图 8-19　主函数的 N-S 流程图

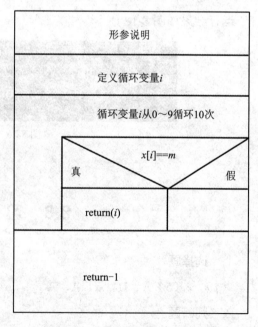

图 8-20　search 函数的 N-S 流程图

C 源程序（文件名 xt8-1.c）：

```
#include<stdio.h>
int search(int x[],int n,int m);
void  main()
{
  int i, k, index,a[10]={2,45,3,14,6,18,10,7,35,9};
  printf("请输入一个整数:");
scanf("%d",&k);
  index=search(a,10,k);
  if(index>=0)
    printf("该数在数组中所处位置的下标是：%d\n",index);
  else
    printf("not found!\n");
}
int search(int x[],int n,int m)
{
  int i;
  for(i=0;i<n;i++)
    if(x[i]==m)
      return (i);
  return -1;
}
```

运行结果 1 如图 8-21 所示。

图 8-21　运行结果 1

运行结果 2 如图 8-22 所示。

图 8-22　运行结果 2

（2） 输入整数 n，输出高度为 n 的等边三角形（要求将每一行图案的输出单独编为一个函数），当 $n=4$ 时的等边三角形如下：

```
$
$$
$$$$$
$$$$$$$
```

算法分析：此图案的第 1 行是首先输出 4 个空格，然后输出一个$；第 2 行输出 3 个空格和 3 个$；第 3 行输出 2 个空格和 5 个$。依此得出每一行输出的空格数是 5-n，输出$的个数是 2*n-1，其中 n 表示行数。

主函数的 N-S 流程图如图 8-23 所示。

pow 函数的 N-S 流程图如图 8-24 所示。

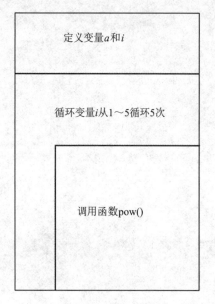

图 8-23　主函数的 N-S 流程图

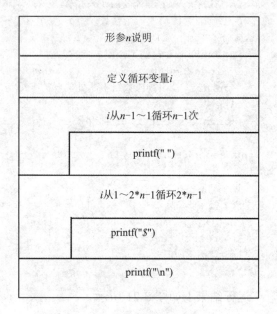

图 8-24　pow 函数的 N-S 流程图

C 源程序（文件名 xt8-2.c）：

```c
#include"stdio.h"
void pow(int);
void  main()
 {
 int a=5,i;
 for(i=1;i<=5;i++)
 pow(i);
 }
void pow(int n)
{
 int i;
 for(i=5-n;i>0;i--)
   printf("");
 for(i=1;i<=2*n-1;i++)
   printf("$");
 printf("\n");
}
```

运行结果如图 8-25 所示。

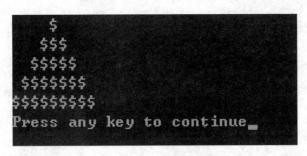

图 8-25　运行结果

（3）　编程统计 5 000 以内双胞胎数的个数，要求将判断是否是素数功能单独编为一个函数。

算法分析：所谓双胞胎数就是指一对相差 2 的素数，如 5 和 7 就是一对双胞胎数。所以可以从 2 开始，依此判断某个数是否为素数。如果是，再判断这个数加上 2 得到的新数是否为素数。如果也是，则找到了一对双胞胎数。并用一个变量统计这样的双胞胎个数，最后输出这个变量值即可。

主函数的 N-S 流程图如图 8-26 所示。

sushu 函数的 N-S 流程图如图 8-27 所示。

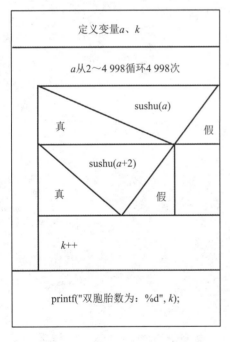

图 8-26　主函数的 N-S 流程图　　　　图 8-27　sushu 函数的 N-S 流程图

C 源程序（文件名 xt8-3.c）：

```
#include<stdio.h>
int sushu(int m);
void  main()
```

```
{
  int a, k=0;
  for(a=2;a<=4998;a++)
    if(sushu(a))
      if(sushu(a+2))
      k++;
  printf("5000 以内的双胞胎的个数为：%d\n",k);
}
int sushu(int m)
{
  int i;
  for(i=2;i<m;i++)
    if(m%i==0)
      return 0;
  return 1;
}
```

运行结果如下：

5 000 以内的双胞胎的个数为：126

第 *9* 章　指　针

9.1　知　识　介　绍

在 C 语言中指针被用来表示内存单元的地址，如果把这个地址用一个变量来保存，则这个变量就称为"指针变量"。指针变量有不同类型，用来保存不同类型变量的地址。严格地说指针与指针变量不同，为了叙述方便，常常把指针变量称为"指针"。

定义指针的格式如下：

```
[存储类型]　数据类型　*指针变量名[=初始值];
```

例如：

```
int a,*p=a;              /*p 为指向整型变量的指针，p 指向变量 a 的地址*/
   char *s=NULL;         /*s 为指向字符型变量的指针，p 指向一个空地址*/
   float *t;             /*t 为指向单精度浮点型变量的指针*/
```

定义指针变量之后必须将其与某个变量的地址相关联后才能使用，可以通过赋值的方法实现，指针变量的赋值方式为：

```
<指针变量名>=&<普通变量名>;
```

例如：

```
int i, *p;
   p=&i;
```

或：

```
int i, *p=&i;
```

请注意上面的两种形式都是将变量 *i* 的地址赋给了指针 *p*，若写成"int *p=NULL;"，则表示 *p* 不指向任何存储单元。

一旦指针变量指向了某个变量的地址，即可引用该指针变量，引用的方式如下。

（1）*指针变量名：代表所指变量的值。

（2）指针变量名：代表所指变量的地址。

例如：

```
int i, *p;
        float x, *t;
 p=&i;     /*指针 p 指向变量 i 的地址*/
 t=&x;     /*指针 t 指向变量 x 的地址*/
*p=3;      /*相当于 i=3*/
*t=12.34;    /*相当于 x=12.34*/
```

在上面的表达式中 p 和 $\&i$ 都表示变量 i 的地址，$*p$ 和 i 都表示变量 i 的值。

指针的运算如下。

（1）赋值运算，如：

```
int a,*pa;
pa=&a;
p1=p2;
P=NULL;
```

（2）算术运算如下。

- +、++：指针向前移（地址编号增大）。
- −、−−：指针向后移（地址编号减小）。

设 p 和 q 为某种类型的指针变量，n 为整型变量，则 $p+n$、$p++$、$++p$、$p--$、$--p$、$p-q$ 的运算结果仍为指针。

（3）关系运算，常用于比较两个指针是否指向同一变量。

假设有：

```
int a, *p1, *p2;
    p1=&a;
```

则 $p1==p2$ 的值为 0（假）。只有当 $p1$ 和 $p2$ 指向同一元素时，表达式 $p1==p2$ 的值才为 1（真）。

指针与数组说明如下。

（1）指向一维数组的指针。

指向数组的指针变量称为"数组指针变量"，其声明的一般格式为：

```
类型说明符 * 指针变量名
```

如果定义了一个一维数组：

```
int a[10];
```

则该数组的元素为 $a[0]$，$a[1]$，$a[2]$，…，$a[9]$。

（2）指向二维数组的指针。

对二维数组而言，数组名同样代表数组的首地址。若有 int $a[3][4]$，可以看成由 3 个一维数组 $a[0]$、$a[1]$、$a[2]$ 构成。

因此若有：

```
int a[3][4], *p;
```

则 *p*=*a*[0];或 *p*=&*a*[0][0];是将指针 *p* 指向数组的首地址。

（3） 指向字符串指针。

在 C 语言中可以用字符数组表示字符串，也可以定义一个字符指针变量指向一个字符串。引用时既可以逐个字符引用，也可以整体引用。

指向字符串的指针变量的定义格式如下：

```
char *指针变量;
```

定义并初始化字符指针变量，如：

```
char *stg="I love Beijing. ";
```

把一个字符串从一个函数传递到另一个函数时可以利用字符数组名或字符指针作为参数，它们在调用时传递的是地址。在被调函数中除了字符串以外，其任何变化都会反映到主调函数中。

9.2 实 验 部 分

9.2.1 实验 1：数值指针

1. 目的

（1） 掌握指针变量的定义与引用。

（2） 掌握指针的运算。

（3） 掌握指针与数组的关系。

（4） 掌握指针的使用方法。

2. 实验示例

【例 9-1】输入 3 个整数并按由小到大的顺序输出。

C 源程序（文件名 sylt9-1-1.c）：

```
#include <stdio.h>
void main()
{
    int a,b,c,x;
    int *pa,*pb,*pc;
    pa=&a;    /*这里的指针前的星号去掉就行了*/
    pb=&b;
    pc=&c;    /*三个都一样*/
    printf("请输入 3 个整数:\n");
    scanf("%d%d%d",pa,pb,pc);
    if(*pa>*pb)
    {
        x=*pa;
```

```
      *pa=*pb;
      *pb=x;
    }
    if(*pa>*pc)
    {
      x=*pa;
      *pa=*pc;
      *pc=x;
    }
    if(*pb>*pc)
    {
      x=*pb;
      *pb=*pc;
      *pc=x;
    }
    printf("这 3 个数由小到大的排列顺序为:%d,%d,%d\n",*pa,*pb,*pc);
}
```

运行结果如图 9-1 所示。

图 9-1   运行结果

【例 9-2】下面的程序解决一种变化的约瑟夫问题,有 30 个人围坐一圈,从 1~M 按顺序编号。从第 1 个人开始循环报数,凡报到 7 的人就退出圈子,请按照顺序输出退出人的编号。

算法分析:设置两个整型数组 person 和 pout,person 用来表示 30 个人围成的一个队列圈;pout 用来表示出队的结果。规定 person 元素的值只有两种情况,即非 0 和 0,非 0 表示该元素还在队列内;0 表示该元素已出队列。从 person 的第 1 个元素开始报数,报到第 7 时将该元素的值改为 0;同时将该元素的下标值按顺序赋给另一个整型数组 pout,当数组 person 中的所有元素的值为 0 时生成输出顺序。

C 源程序(文件名 sylt9-1-2.c):

```
#include <stdio.h>
#define SIZE 30
void goout(int p[],int po[],int n);
main()
{
  int preson[SIZE];
  int pout[SIZE];     /* 出队顺序初值为-1 */
  int i,n;
  printf("请输入循环数 n(大于 0 的正整数):\n");
  scanf("%d",&n);
  /* 为队列元素赋初值: */;
  for(i=0;i<SIZE;i++)
```

```
      preson[i]=i+1;
    printf("队列原始数据编号值：\n");
    for(i=0;i<SIZE;i++)
      printf("preson[%d]=%d\t",i,preson[i]);
    printf("\n");
    goout(preson,pout,n);    /*调用函数，将出队顺序放到数组 pout 中 */
    printf("出队顺序值：\n");
    for(i=1;i<=SIZE;i++)
      printf("pout[%d]=%d\t",i,pout[i-1]);
    printf("\n");
}
/*将数组 p 中的数据从第 1 个按 n 循环输出下标值到数组 po 中：*/
void goout(int pp[],int po[],int n)
{
    int i,temp,*p;
    p=pp;     /* 指针 p 指向队列数组的首地址 */
    for(i=0;i<SIZE;i++)
    {
      temp=0;
      while(temp<7)  /* 开始循环报数 */
      {
          if(*p!=0)
          {
              if(p==(pp+SIZE))
                  p=pp;      /* 如果到达队尾，指针重新回到队头*/
              else
              {
                  p=p+1;
                  temp=temp+1;
              }
          }
          else
          {
              if(p==(pp+SIZE))     /* 如果到达队尾，指针重新回到队头*/
                  p=pp;
              p=p+1;
          }
      }
      p=p-1;
      po[i]=*p;  /* 生成输出队列顺序 */
      *p=0;      /* 标记成已经出队 */
    }
}
```

运行结果如图 9-2 所示。

```
请输入循环数n (大于0的正整数):
5
队列原始数据编号值:
preson[0]=1      preson[1]=2      preson[2]=3      preson[3]=4      preson[4]=5
preson[5]=6      preson[6]=7      preson[7]=8      preson[8]=9      preson[9]=10
preson[10]=11    preson[11]=12    preson[12]=13    preson[13]=14    preson[14]=15
preson[15]=16    preson[16]=17    preson[17]=18    preson[18]=19    preson[19]=20
preson[20]=21    preson[21]=22    preson[22]=23    preson[23]=24    preson[24]=25
preson[25]=26    preson[26]=27    preson[27]=28    preson[28]=29    preson[29]=30

出队顺序值:
pout[1]=7        pout[2]=14       pout[3]=21       pout[4]=28       pout[5]=5
pout[6]=13       pout[7]=22       pout[8]=30       pout[9]=9        pout[10]=18
pout[11]=27      pout[12]=8       pout[13]=19      pout[14]=1       pout[15]=12
pout[16]=25      pout[17]=24      pout[18]=24      pout[19]=11      pout[20]=29
pout[21]=17      pout[22]=6       pout[23]=3       pout[24]=2       pout[25]=4
pout[26]=16      pout[27]=26      pout[28]=15      pout[29]=20      pout[30]=23

Press any key to continue
```

图 9-2　运行结果

3. 上机实验

（1）n 个人围成一圈，顺序排号。从第 1 个人开始从 1 到 3 报数，凡报到 3 的人退出圈子，问最后留下的是第几号的哪一位？

（2）按输入时顺序的逆序排列 n 个数，用函数实现。

（3）写一个函数转置一个 3×3 的整型矩阵。

4. 上机思考

有 n 个整数，使前面各数顺序向后移 m 个位置，最后 m 个数变成最前面的 m 个数。写一个函数实现以上功能，在主函数中输入 n 个整数并输出调整后的 n 个数。

9.2.2　实验 2：字符指针

1. 目的

（1）熟练掌握字符指针定义及引用格式。

（2）熟练掌握字符指针的输入/输出方法。

（3）掌握指针与字符串的结合使用。

2. 实验示例

【例 9-3】输入 3 个字符串，按由小到大的顺序输出 C 语言。
C 源程序（文件名 sylt9-2-1.c）：

```c
#include <stdio.h>
#include <string.h>
int main()
{
void swap(char *,char *);
char str1[20],str2[20],str3[20];
```

```
printf("input three line:\n");
gets(str1);
gets(str2);
gets(str3);
if(strcmp(str1,str2)>0)  swap(str1,str2);
if(strcmp(str1,str3)>0)  swap(str1,str3);
if(strcmp(str2,str3)>0)  swap(str2,str3);
printf("Now,the order is:\n");
printf("%s\n%s\n%s\n",str1,str2,str3);
return 0;
 }
void swap(char *p1,char *p2)
{
char p[20];
strcpy(p,p1);strcpy(p1,p2);strcpy(p2,p);
}
```

运行结果如下:

```
input three line:
I study very hard.
C language is very interesting.
He is a professfor.
Now,the order is:
C language is very interesting.
He is a professfor.
I study very hard.
```

【例 9-4】编写程序,按字典排列方式(从小到大)排序一组英文单词字符串。

C 源程序(文件名 sylt9-2-2.c):

```
#include <stdio.h>
#include <string.h>
void sort(char *words [], int n);
main()
{
    char                  *wString[]={"implementation","language","design",
"fortran","computer "};
    int i, n=5;
    printf("The words are :\n");
    for (i=0; i<n; i++)
      printf ("\twString[%d]=%s\n", i, wString[i]);
    printf("After sort,The words are:\n");
    sort(wString,n);        /* 调用函数,对指针数组 wString 中的 n 个字符串排序 */
    for (i=0; i<n; i++)
      printf ("\twString[%d]=%s\n", i, wString[i]);
 }
/* 对指针数组 s 中的 n 个字符串按字典排序 */
void sort(char *s[], int n)
{
    char *temp;
```

```
    int i,j,k;
    for (i=0; i<n-1; i++)
    {
      k=i;
      for (j=i+1; j<n; j++)
          if (strcmp(s[k],s[j])>0)
            k=j;
          if (k!=i)
          {
            temp=s[i];
            s[i]=s[k];
            s[k]=temp;
          }
    }
}
```

运行结果如图 9-3 所示。

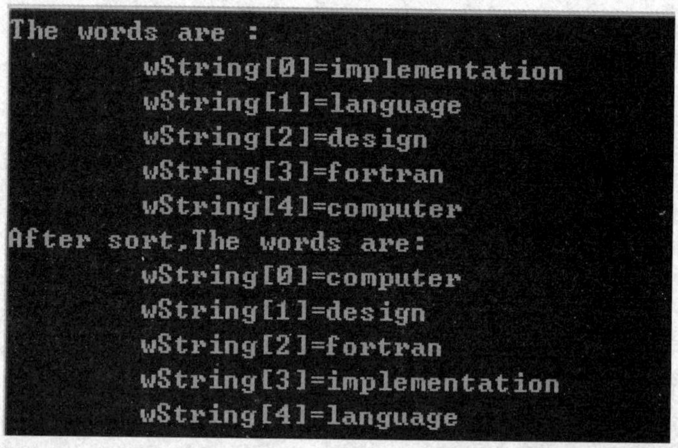

图 9-3   运行结果

3. 上机实验

（1） 写一个 strcmp 函数比较两个字符串，函数原型为：

```
int strcmp (char *p1, char *p2);
```

设 *p1* 指向字符串 *s1*，*p2* 指向字符串 *s2*。要求如果 *s1=s2*，返回值为 0；如果 *s1!=s2*，则返回二者第 1 个不同字符的 ASCII 码差值（如"BOY"与"BAD"的第 2 个字母不同，"O"与"A"之差为 79-65=14）；如果 *s1>s2*，则输出正值；如果 *s1<s2*，则输出负值。

（2） 编程将从键盘上输入的每个单词的第 1 个字母转换成大写字母，输入时各单词必须用空格隔开，用"."结束输入。

4. 上机思考

写一个用矩形法求定积分的通用函数分别求 $\int_0^1 \sin x\,dx$, $\int_0^1 \cos x\,dx$, $\int_0^1 e^x\,dx$ 的值。

说明：sin、cos、exp 函数已在系统的数学函数库中，程序开始要用#indlude<math.h>语句。

9.2.3 实验参考

1. 实验1：上机实验题参考

（1） *n* 个人围成一圈，顺序排号。从第 1 个人开始从 1 到 3 报数，凡报到 3 的人退出圈子，问最后留下的是第几号？

C 源程序（文件名 sysj9-1-1.c）：

```
#include <stdio.h>
int main()
{
int i,k,m,n,num[50],*p;
printf("\ninput number of person:n=");
scanf("%d",&n);
p=num;
for(i=0;i<n;i++)
*(p+i)=i+1;
i=0;
k=0;
m=0;
while(m<n-1)
{if(*(p+i)!=0)  K++;
if(k==3)
{*(p+i)=0;
k=0;
m++;
}
i++;
if(i==n)  i=0;
}
while(*p==0)  p++;
printf("The last one is No.%d\n",*p);
return 0;
}
```

运行结果如下：

```
input number of person: n=8
The last one is NO.7
```

（2） 按输入时顺序的逆序排列 *n* 个数，用函数实现。

C 源程序（文件名 sysj9-1-2.c）：

```
#include <stdio.h>
int main()
{void sort (char *p,int m);
 int i,n;
```

```
 char *p,num[20];
 printf("input n: ");
 scanf("%d",&n);
 printf("please input these numbers:\n");
 for (i=0;i<n;i++)
    scanf("%d",&num[i]);
 p=&num[0];
 sort(p,n);
 printf("Now,the sequence is:\n");
 for (i=0;i<n;i++)
    printf("%d ",num[i]);
 printf("\n");
 return 0;
}
void sort (char *p,int m)   /*将 n 个数逆序排列函数*/
{int i;
 char temp, *p1,*p2;
 for (i=0;i<m/2;i++)
  {p1=p+i;
   p2=p+(m-1-i);
   temp=*p1;
   *p1=*p2;
   *p2=temp;
  }
}
```

运行结果如下：

```
input n:10
please input these numbers:
10 9 8 7 6 5 4 3 2 1
Now,the sequence is:
1 2 3 4 5 6 7 8 9 10
```

（3） 写一个函数转置一个 3×3 的整型矩阵。

C 源程序（文件名 sysj9-1-3.c）：

```
#include <stdio.h>
int main()
{void move(int *pointer);
 int a[3][3],*p,i;
 printf("input matrix:\n");
 for (i=0;i<3;i++)
   scanf("%d %d %d",&a[i][0],&a[i][1],&a[i][2]);
 p=&a[0][0];
 move(p);
 printf("Now,matrix:\n");
 for (i=0;i<3;i++)
   printf("%d %d %d\n",a[i][0],a[i][1],a[i][2]);
 return 0;
  }
```

```
void move(int *pointer)
{int i,j,t;
 for (i=0;i<3;i++)
   for (j=i;j<3;j++)
     {t=*(pointer+3*i+j);
      *(pointer+3*i+j)=*(pointer+3*j+i);
      *(pointer+3*j+i)=t;
     }
 }
```

运行结果如下：

```
input matrix:
1 2 3
4 5 6
7 8 9
Now,matrix:
1 4 7
2 5 8
3 6 9
```

2. 实验 1：上机思考题参考

有 n 个整数，使前面各数顺序向后移 m 个位置，最后 m 个数变成最前面的 m 个数。写一个函数实现以上功能，在主函数中输入 n 个整数并输出调整后的 n 个数。

C 源程序（文件名 sysj9-1-4.c）：

```
#include <stdio.h>
int main()
{void move(int [20],int,int);
 int number[20],n,m,i;
 printf("how many numbers? ");
 scanf("%d",&n);
 printf("input %d numbers:\n",n);
 for (i=0;i<n;i++)
   scanf("%d",&number[i]);
 printf("how many place you want move? ");
 scanf("%d",&m);
 move(number,n,m);
 printf("Now,they are:\n");
 for (i=0;i<n;i++)
   printf("%d ",number[i]);
 printf("\n");
 return 0;
}
void move(int array[20],int n,int m)
{int *p,array_end;
 array_end=*(array+n-1);
 for (p=array+n-1;p>array;p--)
   *p=*(p-1);
 *array=array_end;
```

```
    m--;
   if (m>0) move(array,n,m);
   }
```

运行结果如下：

```
how many numbers?8
input 8 numbers:
12 56 34 76 8 2 7 11
how many place you want move?4
Now,they are:
8  2  7  11  12  56  34  76
```

3．实验 2：上机实验题参考

（1）写一个 strcmp 函数比较两个字符串，函数原型为：

```
int strcmp(char *p1, char *p2);
```

设 $p1$ 指向字符串 $s1$，$p2$ 指向字符串 $s2$。要求当 $s1=s2$ 时，返回值为 0；如果 $s1!=s2$，则返回二者第 1 个不同字符的 ASCII 码差值（如"BOY"与"BAD"的第 2 个字母不同，"O"与"A"之差为 79-65=14）；如果 $s1>s2$，则输出正值；如果 $s1<s2$，则输出负值。

C 源程序（文件名 sysj9-2-1.c）：

```
#include<stdio.h>
int main()
{int strcmp(char *p1,char *p2);
 int m;
 char str1[20],str2[20],*p1,*p2;
 printf("input two strings:\n");
 scanf("%s",str1);
 scanf("%s",str2);
 p1=&str1[0];
 p2=&str2[0];
 m=strcmp(p1,p2);
 printf("result:%d,\n",m);
 return 0;
}
int strcmp(char *p1,char *p2)          /*两个字符串比较函数*/
{int i;
 i=0;
 while(*(p1+i)==*(p2+i))
   if (*(p1+i++)=='\0') return(0);     /*相等时返回结果 0 */
 return(*(p1+i)-*(p2+i));              /*不等时返回结果为第 1 个不等字符 ASCII
码的差值*/
 }
```

运行结果 1 如下：

```
input two strings:
Chen
CHINA
```

```
result:32,
```

运行结果 2 如下：

```
input two strings:
word
word
result:0,
```

（2） 编程将从键盘上输入的每个单词的第 1 个字母转换成大写字母，输入时各单词必须用空格隔开，用 "." 结束输入。

C 源程序（文件名 sysj9-2-2.c）：

```
#include<stdio.h>
int fun(char *c,int status)
{
  if(*c=='') return 1;
  else{
    if(status && *c<='z' && *c>='a')
    *c+='A'-'a';
    return 0;
    }
}
void main()
{
int flag=1;
char ch;
printf("输入一字符串，用点号结束输入！\n");
 do {
  ch=getchar();
  flag=fun(&ch,flag);
  putchar(ch);
  }while(ch!='.');
printf("\n");
}
```

运行结果如下：

```
输入一字符串，用点号结束输入！
i am a student.
I Am A Student.
```

4. 实验2：上机思考题参考

写一个用矩形法求定积分的通用函数分别求 $\int_0^1 \sin x dx$，$\int_0^1 \cos x dx$，$\int_0^1 e^x dx$ 的值。

说明：sin、cos、exp 函数已在系统的数学函数库中，程序开始要用#indlude<math.h>语句。

C 源程序（文件名 sysk9-2-1.c）：

```
#include<stdio.h>
#include<math.h>
int main()
{float integral(float(*)(float),float,float,int);      /*对 integarl 函数的声明
*/
 float fsin(float);            /*对 fsin 函数的声明*/
 float fcos(float);            /*对 fcos 函数的声明*/
 float fexp(float);            /*对 fexp 函数的声明*/
 float a1,b1,a2,b2,a3,b3,c,(*p)(float);
 int n=20;
 printf("input a1,b1: ");
 scanf("%f,%f",&a1,&b1);
 printf("input a2,b2: ");
 scanf("%f,%f",&a2,&b2);
 printf("input a3,b3: ");
 scanf("%f,%f",&a3,&b3);
 p=fsin;
 c=integral(p,a1,b1,n);
 printf("The integral of sin(x) is:%f\n",c);
 p=fcos;
 c=integral(p,a2,b2,n);
 printf("The integral of cos(x) is:%f\n",c);
 p=fexp;
 c=integral(p,a3,b3,n);
 printf("The integral of exp(x) is:%f\n",c);
 return 0;
}
float integral(float(*p)(float),float a,float b,int n)
{int i;
 float x,h,s;
 h=(b-a)/n;
 x=a;
 s=0;
 for(i=1;i<=n;i++)
  {x=x+h;
   s=s+(*p)(x)*h;
  }
  return(s);
}
float fsin(float x)
    {return sin(x);}
float fcos(float x)
    {return cos(x);}
float fexp(float x)
    {return exp(x);}
```

运行结果如下：

```
input a1,b1:0,1
```

```
input a2,b2:-1,1
input a3,b3:0,2
The integral of sin(x) is:0.480639
The integral of cos(x) is:1.681539
The integral of exp(x) is:6.713833
```

9.3 习 题 解 答

1. 选择题

（1）～（5）B、、A、A、、DD　　（6）～（10）B、C、A、B、A

2. 填空题

（1）CDG

（2）GFEDCB

（3）abcdcd

（4）ab

（5）7

3. 改错题

（1）将程序中的所有*t 改为 t。

（2）将 printf 语句中的*p 改为 p、将 q=ch+strlen(ch)改为 q=ch+strlen(ch)-1、将 t=p;
p=q;q=t;改为 t=*p;*p=*q;*q=t;。

（3）将 char str1[]="abcd" 改为 char str1[10]="abcd"、将 str1[i]=*str2+j;改为
str1[i]=*str2+j;、将 str1[j]='\0';改为 str1[i]='\0';。

4. 编程题

（1）输入 3 个整数 a、b、c，要求按大小顺序输出，用函数改变这 3 个变量的值。
C 源程序（文件名 xt9-1.c）：

```
#include <stdio.h>
void main()
{void exchange(int *q1, int *q2, int *q3);
  int a,b,c,*p1,*p2,*p3;
  printf("请输入 3 个整数: ");
  scanf("%d%d%d",&a,&b,&c);
  p1=&a;p2=&b;p3=&c;
  exchange(p1,p2,p3);
  printf("%d,%d,%d\n",a,b,c);
}
void exchange(int *q1, int *q2, int *q3)
{void swap(int *pt1, int *pt2);
  if(*q1<*q2) swap(q1,q2);
  if(*q1<*q3) swap(q1,q3);
```

```
  if(*q2<*q3) swap(q2,q3);
 }
 void swap(int *pt1, int *pt2)
 { int temp;
  temp=*pt1; *pt1=*pt2;  *pt2=temp;
 }
```

（2）一个字符串 a 的内容为"My name is Li Lei."，另有字符串 b 的内容为"Mr. Zhang Xiaoli is very happy."。写一函数将字符串 b 中从第 5～17 个字符复制到字符串 a 中，取代字符串 a 中第 12 个字符以后的字符并输出新的字符串。

C 源程序（文件名 xt9-2.c）：

```
 #include <stdio.h>
 #include <string.h>
 void main()
 {
 void copystr( char *,char *);
 char stra[40]=" My name is Li jilin." ,strb[40]=" Mr. zhang Haoling is very
happy." ;
 copystr(stra,strb);
 printf("新的字符串是：%s\n",stra);
 }
 void copystr( char *p1,char *p2)
 {
 int m=11,n1=4,n2=16;
 p1=p1+m;
 p2=p2+n1;
 while(n1<=n2)
 {*p1=*p2;
 p1++;
 p2++;
 n1++;
 }
 *p1='\0';
 }
```

（3）编写一个程序，输入月份数，输出该月的英文月名。例如，输入"3"，则输出"March"，要求用指针数组处理。

C 源程序（文件名 xt9-3.c）：

```
 #include <stdio.h>
 int main()
 {char *month_name[13]={ "illegal month","January","February","March","April",

"May","June","july","August","September","October","November","December"};
 int n;
 printf("input month:\n");
 scanf("%d",&n);
 if ((n<=12) && (n>=1))
```

```
   printf("It is %s.\n",*(month_name+n));
else
  printf("It is wrong.\n");
return 0;
}
```

运行结果如图 9-4 所示。

input month:
2
It is February.

图 9-4 运行结果

（4）用指针数组处理一题目，在主函数输入 10 个等长的字符串，用另一函数排序这些字符串。然后在主函数输出这 10 个已经排好序的字符串，字符串不等长。

C 源程序（文件名 xt9-4.c）：

```
#include <stdio.h>
#include <string.h>
int main()
{void sort(char *[]);
 int i;
 char *p[10],str[10][20];
 for (i=0;i<10;i++)
   p[i]=str[i];
 printf("input 10 strings:\n");
 for (i=0;i<10;i++)
   scanf("%s",p[i]);
 sort(p);
 printf("Now,the sequence is:\n");
 for (i=0;i<10;i++)
   printf("%s\n",p[i]);
 return 0;
 }

void sort(char *s[])
{int i,j;
 char *temp;
 for (i=0;i<9;i++)
   for (j=0;j<9-i;j++)
     if (strcmp(*(s+j),*(s+j+1))>0)
       {temp=*(s+j);
        *(s+j)=*(s+j+1);
        *(s+j+1)=temp;
       }
}
```

运行结果如图 9-5 所示。

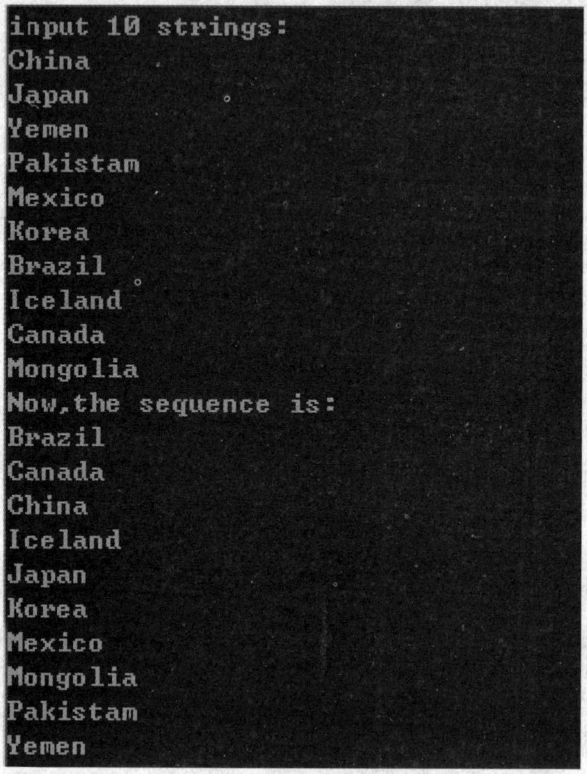

```
input 10 strings:
China
Japan
Yemen
Pakistam
Mexico
Korea
Brazil
Iceland
Canada
Mongolia
Now,the sequence is:
Brazil
Canada
China
Iceland
Japan
Korea
Mexico
Mongolia
Pakistam
Yemen
```

图 9-5 运行结果

第10章 构造型数据类型

10.1 知 识 介 绍

1. 结构体数据类型

这是一种自定义的数据类型，其中的每一项为结构体类型的一个成员。成员有类型与成员名，其类型可以是 C 语言的任何预定义类型，也可以是用户定义的任何类型。

（1）定义结构体类型。

格式如下：

```
struct  结构体名
{
    成员项表列;
};
```

（2）定义结构体变量。

格式如下：

```
·类型标识符  <变量名列表>;
```

例如：

```
struct person stu, worker;
```

在定义一个结构体类型的同时定义结构体类型变量，格式如下：

```
struct <结构体名>
  {
        成员项列表;
  }<变量名列表>;
```

（3）引用结构体变量中的成员。

格式如下：

```
<结构变量名>.<成员名>
```

例如：stu.no、stu.age、stu.name[0]等。

成员名不能单独代表变量，也不能直接使用结构中的成员名。

若结构体类型中含有另一个结构类型，访问该成员时应采取逐级访问的方法。

将结构体变量作为一个整体来使用，结构体变量可以相互赋值。

2. 定义结构体数组

（1）定义结构体后定义结构体数组，格式如下：

```
struct <结构体名>
   {
         <成员项表列>
   };
   struct <结构体名>  <数组名> [<数组大小>];
```

（2）在定义结构体的同时定义结构体数组，格式如下：

```
struct <结构体名>
   {
         <成员项表列>
   }<数组名>[<数组大小>];
```

（3）直接定义结构体变量而不定义结构体名，格式如下：

```
struct
   {
      <成员项表列>
   }<数组名>[<数组大小>];
```

3. 共用体数据类型

共用体又称为"联合体"，与结构体类型的相同之处是定义的格式；不同之处是它的关键字为 union，以及占用的内存单元不同。

4. 枚举

指一一列举变量的取值，变量值只限于列举值的范围内，枚举类型定义的一般格式如下：

```
enum <枚举类型名>{标识符 1,标识符 2,......,标识符 n};
```

枚举常量的起始值为 0。

5. 链表

（1）链表指将若干个数据项按一定的规则连接起来的表，其中的数据项称为"节点"。

（2）链表中每一个节点的数据类型都有一个自引用结构，即结构成员中包含一个指针成员，该指针指向与自身同一个类型的结构。

10.2 实 验 部 分

10.2.1 实验 1：结构体

1. 目的

（1）理解结构体类型、链表、共用体类型和枚举类型的概念，掌握它们的定义格式。

（2）掌握结构体类型、链表和共用体类型变量的定义，以及变量成员的引用格式。

（3）加深对构造型数据类型的认识和理解。

2. 实验示例

【例 10-1】利用结构体定义学生基本信息并输出。

C 源程序（文件名 sylt10-1-1.c）：

```c
struct score
{
    int math;    /* 数学成绩 */
    int eng;     /* 英语成绩 */
    int comp;    /* 计算机成绩 */
};
/* 定义学生基本信息结构: */
struct stu
{
    char name[12];       /* 姓名 */
    char sex;            /* 性别 */
    long StuClass;       /* 学号 */
    struct score sub;    /* 成绩 */
}
main()
{
    struct stu student1={"Na Ming",'M',990324,88,80,90};
    struct stu student2;
    student2=student1;
    student2.name[0]='H';
    student2.name[1]='u';
    student2.StuClass=990325;
    student2.sub.math=83;
    printf("姓名\t 性别\t 学号\t\t 数学成绩\t 英语成绩\t 计算机成绩\n");
    printf("%s\t%c\t%ld\t\t%d\t\t%d\t\t%d\n",student1.name,
    student1.sex,student1.StuClass,student1.sub.math,
    student1.sub.eng,student1.sub.comp);
    printf("%s\t%c\t%ld\t\t%d\t\t%d\t\t%d\n",student2.name,
    student2.sex,student2.StuClass,student2.sub.math,
    student2.sub.eng,student2.sub.comp);
}
```

运行结果如图 10-1 所示。

姓名	性别	学号	数学成绩	英语成绩	计算机成绩
Na Ming M		990324	88	80	90
Hu Ming M		990325	83	80	90
Press any key to continue					

图 10-1　运行结果

【例 10-2】计算学生的平均成绩和不及格的人数。

C 源程序（文件名 sylt10-1-2.c）：

```
struct student
{
int num;
char *name;
char sex;
float score;
}st[5]={
{10001,"Li ming",'M',49},
{10002,"Zhang san",'M',66.5},
{10003,"Huang ping",'F',82},
{10004,"Zhao ling",'F',57},
{10005,"Peng fa",'M',68.5},
};
main()
{
int i,c=0;
float ave,s=0;
for(i=0;i<5;i++)
{
s+=st[i].score;
if(st[i].score<60) c+=1;
}
printf("s=%f\n",s);
ave=s/5;
printf("average=%f\ncount=%d\n",ave,c);
}
```

运行结果如下：

```
s=323.000000
average=64.599998
count=2
```

3.　上机实验

试利用指向结构体的指针编写一个程序，实现输入 3 个学生的学号、计算机课程的期中和期末成绩，然后计算其平均成绩并输出成绩表。

4.　上机思考

统计学生成绩中不及格的学生名单。

10.2.2 实验 2：链表

1. 目的

（1） 理解链表概念，掌握其定义格式。

（2） 掌握链表的引用格式。

（3） 熟悉链表的操作。

2. 实验示例

【例 10-3】编写程序创建一个链表，该链表可以存放从键盘输入的任意长度的字符串。以按下 Enter 键作为输入的结束，统计输入的字符个数并输出其字符串。

C 源程序（文件名 sylt10-2-1.c）：

```c
#include <stdlib.h>
#include <stdio.h>
struct string
{
   char ch;
   struct string *nextPtr;
};
struct string *creat(struct string *h);
void print_string(struct string *h);
int num=0;
main()
{
   struct string *head;                      /*定义表头指针*/
   head=NULL;                                /*创建一个空表*/
   printf("请输入一行字符（输入 Enter 键时程序结束）:\n");
   head=creat(head);                              /*调用函数创建链表*/
   print_string(head);                               /*调用函数打印链表内容*/
   printf("\n 输入的字符个数为：%d\n",num);
}
struct string *creat(struct string *h)
{
   struct string *p1,*p2;
   p1=p2=(struct string*)malloc(sizeof(struct string));       /*申请新节点*/
   if(p2!=NULL)
   {
     scanf("%c",&p2->ch);   /*输入节点的值*/
     p2->nextPtr=NULL;      /*新节点指针成员的值赋为空*/
   }
   while(p2->ch!='\n')
   {
     num++;                    /*字符个数加 1 */
     if(h==NULL)
       h=p2;                  /*若为空表，接入表头*/
     else
```

```
            p1->nextPtr=p2;    /*若为非空表,接入表尾*/
        p1=p2;
        p2=(struct string*)malloc(sizeof(struct string)); /*申请下一个新节点*/
        if(p2!=NULL)
        {
            scanf("%c",&p2->ch);  /*输入节点的值*/
            p2->nextPtr=NULL;
        }
    }
    return h;
}
void print_string(struct string *h)
{
    struct string *temp;
    temp=h;                    /*获取链表的头指针*/
    while(temp!=NULL)
    {
        printf("%-2c",temp->ch);   /*输出链表节点的值*/
        temp=temp->nextPtr;         /*移到下一个节点*/
    }
}
```

运行结果如图 10-2 所示。

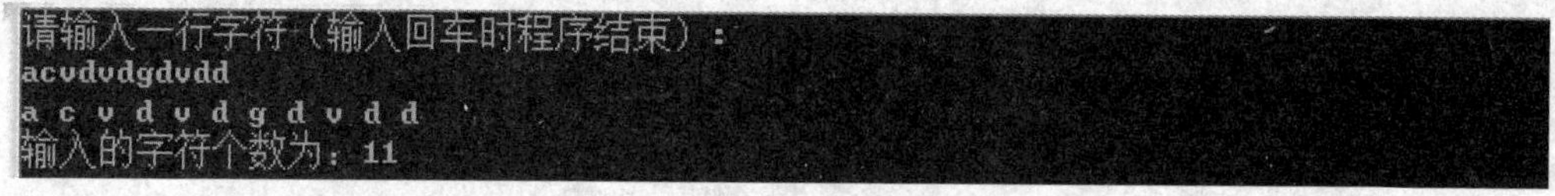

请输入一行字符（输入回车时程序结束）：
acvdvdgdvdd
a c v d v d g d v d d
输入的字符个数为: 11

图 10-2　运行结果

【例 10-4】编写程序用链表结构建立一条公交线路的站点信息，从键盘依次输入从起点到终点的各站站名。以单个"#"字符作为输入结束，统计站点的数量并输出这些站点。

C 源程序（文件名 sylt10-2-2.c）：

```
#include <stdlib.h>
#include <stdio.h>
#include <conio.h>
struct station
{
    char name[20];
    struct station *nextSta;
};
struct station *creat_sta(struct station *h);
void print_sta(struct station *h);
int num=0;
main()
{
    struct station *head;
    head=NULL;
    printf("请输入站名:\n");
    head=creat_sta(head);
```

```
        printf("-------------------------\n");
        printf("共有%d 个站点:\n",num);
        print_sta(head);
}
struct station *creat_sta(struct station *h)
{
    struct station *p1,*p2;
    p1=p2=(struct station*)malloc(sizeof(struct station));
    if(p2!=NULL)
    {
        scanf("%s",&p2->name);
        p2->nextSta=NULL;
    }
    while(p2->name[0]!='#')
    {
        num++;
        if(h==NULL)
            h=p2;
        else
            p1->nextSta=p2;
        p1=p2;
        p2=(struct station*)malloc(sizeof(struct station));
        if(p2!=NULL)
        {
        scanf("%s",&p2->name);
            p2->nextSta=NULL;
        }
    }
    return h;
}
void print_sta(struct station *h)
{
    struct station *temp;
    temp=h;
    while(temp!=NULL)
    {
        printf("%-s,",temp->name);
        temp=temp->nextSta;
    }
}
```

运行结果如图 10-3 所示。

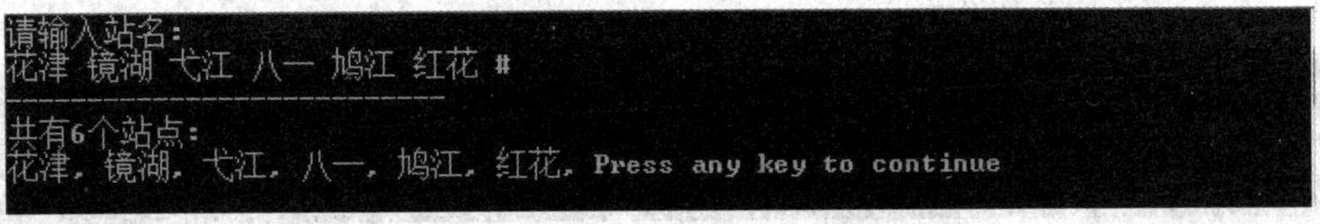

图 10-3　运行结果

3. 上机实验

（1） 修改【例 10-4】的程序，从键盘输入一个要加入的站点名，并依次输出加入后的站点。

（2） 修改【例 10-4】的程序，从键盘输入一个要删除的站点名，并依次输出删除后的站点。

4. 上机思考

编写程序从键盘输入一个矩形的左下角和右上角的坐标，输出该矩形的中心点坐标值。然后输入任意一个点的坐标，判断该点是否在矩形内。

10.2.3 实验 3：共同体和枚举类型

1. 目的

（1） 理解结共用体类型和枚举类型的概念，掌握其定义格式。

（2） 掌握共用体类型变量的定义和变量成员的引用格式。

2. 实验示例

【例 10-5】了解联合变量成员的值。

C 源程序（文件名 sylt10-3-1.c）：

```c
#include <stdio.h>
union memb
{
    double v;
    int n;
    char c;
};
main()
{
    union memb tag;
    tag.n=18;
    tag.c='T';
    tag.v=36.7;
    printf("联合变量 tag 成员的值为：\n");
    printf("tag.v=%6.2lf\ntag.n=%4d\ntag.c=%c\n",tag.v,tag.n,tag.c);
}
```

运行结果如图 10-4 所示。

```
联合变量tag成员的值为：
tag.v= 36.70
tag.n=-1717986918
tag.c=?
```

图 10-4　运行结果

3. 上机实验

假设某班体育课测验包括两项内容，一项是 800 米跑；另一项男生是跳远，女生是仰卧起坐。跳远和仰卧起坐是不同的数据类型，跳远以实型米数计成绩；而仰卧起坐是以整型个数计成绩，使用共用体数据类型完成该班同学成绩的录入及显示。

4. 上机思考

编写程序求解另一种变化的约瑟夫问题，即由 n 个人围成一圈，从 1 开始依次编号。现指定从第 m 个人开始报数，报到第 s 个数时该人员出列。然后从下一个人开始报数，仍是报到第 s 个数时人员出列。如此重复，直到所有人都出列，输出人员的出列顺序。

10.2.4 实验参考

1. 实验 1：上机实验题参考

试利用指向结构体的指针编写一个程序，实现输入 3 个学生的学号、计算机课程的期中和期末成绩，然后计算其平均成绩并输出成绩表。

C 源程序（文件名 sysj10-1-1.c）：

```
struct stu
{
  int num;
  int mid;
  int end;
  int ave;
}s[3];
main()
{
  int i;
  struct stu *p;
  for(p=s;p<s+3;p++)
  {
    scanf("%d %d %d",&(p->num),&(p->mid),&(p->end));
    p->ave=(p->mid+p->end)/2;
  }
  for(p=s;p<s+3;p++)
    printf("%d %d %d %d\n",p->num,p->mid,p->end,p->ave);
}
```

运行结果如下：

```
1 78 87✓
2 88 90✓
3 76 70✓
1 78 87 82
2 88 90 89
3 76 70 73
```

2. 实验 1：上机思考题参考

统计学生成绩中不及格的学生名单。

C 源程序（文件名 sysj10-1-2.c）：

```
#include <stdio.h>
struct student
{
    int    num;
    char    name[15];
    float    score;
}st[6]={{10001,"Zhang han",88 },
       {10002,"Li jian", 50.5},
{10003,"Wu hao",65},
{10004,"Li fang",56.5},
{10005,"Han lin", 90 },
{10006, "Liu hua",70}};
main()
{
    struct student *pst;
    int count=0;
  printf("不及格名单：\n");
    for(pst=st;pst<st+6;pst++)
      if (pst->score<60)
{
count++;
printf("%d: %s, %5.1f\n", pst->num,pst->name,pst->score);
}
printf("不及格人数：%d\n",count);
}
```

运行结果如下：

```
不及格名单：
10002:Li jian, 50.5
10004:Li fang, 56.5
不及格人数：2
```

3. 实验 2：上机实验题参考

（1） 修改【例 10-4】的程序，从键盘输入一个要加入的站点名，并依次输出加入后的站点。

C 源程序（文件名 sysj10-2-1.c）：

```
#include <stdlib.h>
#include <stdio.h>
#include <conio.h>
#include <string.h>
struct station
{
   char name[8];
```

```c
      struct station *nextSta;
};
struct station *creat_sta(struct station *h);
void print_sta(struct station *h);
struct station *add_sta(struct station *h,char *stradd, char *strafter);
int num=0;
main()
{
   struct station *head;
   char add_stas[30],after_stas[30];
   head=NULL;
   printf("请输入线路的站点名:\n");
   head=creat_sta(head); /* 建立站点线路的链表 */
   printf("--------------------------\n");
   printf("站点数为: %d\n",num);
   print_sta(head);        /* 输出站点信息 */
   printf("\n 请输入要增加的站点名: \n");
   scanf("%s",add_stas);
   printf("请输入要插在哪个站点的后面: ");
   scanf("%s",after_stas);
   head=add_sta(head,add_stas,after_stas);
   printf("--------------------------\n");
   printf("增加站点后的站名为: \n");
   print_sta(head);      /* 将新增加的站点插入到链表中 */
   printf("\n");
}
/* 建立站点线路的链表: */
struct station *creat_sta(struct station *h)
{
   struct station *p1,*p2;
   p1=p2=(struct station*)malloc(sizeof(struct station));
   if(p2!=NULL)
   {
      scanf("%s",&p2->name);
      p2->nextSta=NULL;
   }
   while(p2->name[0]!='#')
   {
      num++;
      if(h==NULL)
        h=p2;
      else
        p1->nextSta=p2;
      p1=p2;
      p2=(struct station*)malloc(sizeof(struct station));
      if(p2!=NULL)
      {
      scanf("%s",&p2->name);
        p2->nextSta=NULL;
      }
```

```
    }
    return h;
}
/* 输出站点信息: */
void print_sta(struct station *h)
{
    struct station *temp;
    temp=h;                      /*获取链表的头指针*/
    while(temp!=NULL)
    {
        printf("%-8s",temp->name);     /*输出链表节点的值*/
        temp=temp->nextSta;            /*移到下一个节点*/
    }
}
/* 将 stradd 所指的站点插入到链表 h 中的 strafter 站点的后面 */
struct station *add_sta(struct station *h,char *stradd, char *strafter)
{
    struct station *p1,*p2;
    p1=h;
    p2=(struct station*)malloc(sizeof(struct station));
    strcpy(p2->name,stradd);
    while(p1!=NULL)
    {
        if(!strcmp(p1->name,strafter))
        {
        p2->nextSta=p1->nextSta;
        p1->nextSta=p2;
        return h;
        }
        else
        p1=p1->nextSta;
    }
    return h;
}
```

运行结果如图 10-5 所示。

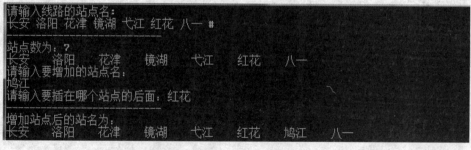

图 10-5　运行结果

（2）修改【例 10-4】的程序，从键盘输入一个要删除的站点名，并依次输出删除后的站点。

C 源程序（文件名 sysj10-2-2.c）：

```c
#include <stdlib.h>
#include <stdio.h>
#include <conio.h>
#include <string.h>
struct station
{
    char name[8];
    struct station *nextSta;
};
struct station *creat_sta(struct station *h);
void print_sta(struct station *h);
struct station *del_sta(struct station *h,char *str);
int num=0;
main()
{
    struct station *head;
    char name[50],*del_stas=name;
    head=NULL;
    printf("请输入站名:\n");
    head=creat_sta(head);    /* 建立链表 */
    printf("-----------------------------\n");
    printf("站点数为: %d\n",num);
    print_sta(head);         /* 输出链表中的站点信息 */
    printf("\n 请输入要删除的站名:\n");
    scanf("%s",name);
    head=del_sta(head,del_stas);   /* 删除链表中的一个站点 */
    printf("-----------------------------\n");
    printf("新的站点为: \n");
    print_sta(head);   /* 输出删除站点后链表中的站点信息 */
    printf("\n");
}
/* 建立由各站点组成的链表 */
struct station *creat_sta(struct station *h)
{
    struct station *p1,*p2;
    p1=p2=(struct station*)malloc(sizeof(struct station));
    if(p2!=NULL)
    {
        scanf("%s",&p2->name);
        p2->nextSta=NULL;
    }
    while(p2->name[0]!='#')
    {
        num++;
        if(h==NULL)
            h=p2;
        else
            p1->nextSta=p2;
```

```
      p1=p2;
      p2=(struct station*)malloc(sizeof(struct station));
      if(p2!=NULL)
      {
      scanf("%s",&p2->name);
          p2->nextSta=NULL;
      }
  }
  return h;
}
/* 输出链表中的信息 */
void print_sta(struct station *h)
{
  struct station *temp;
  temp=h;                    /*获取链表的头指针*/
  while(temp!=NULL)
  {
    printf("%-8s",temp->name);         /*输出链表节点的值*/
    temp=temp->nextSta;                /*移到下一个节点*/
  }
}
/* 修改链表中指针的指向, 删除的站点名为 str 所指的字符串*/
struct station *del_sta(struct station *h,char *str)
{
  struct station *p1,*p2;
  p1=h;
  if(p1==NULL)
  {
    printf("The list is null\n");
    return h;
  }
  p2=p1->nextSta;
  if(!strcmp(p1->name,str))
  {
    h=p2;
    return h;
  }
  while(p2!=NULL)
  {
    if(!strcmp(p2->name,str))
    {
    p1->nextSta=p2->nextSta;
    return h;
    }
    else
    {
    p1=p2;
    p2=p2->nextSta;
    }
  }
```

```
    return h;
}
```

运行结果如图 10-6 所示。

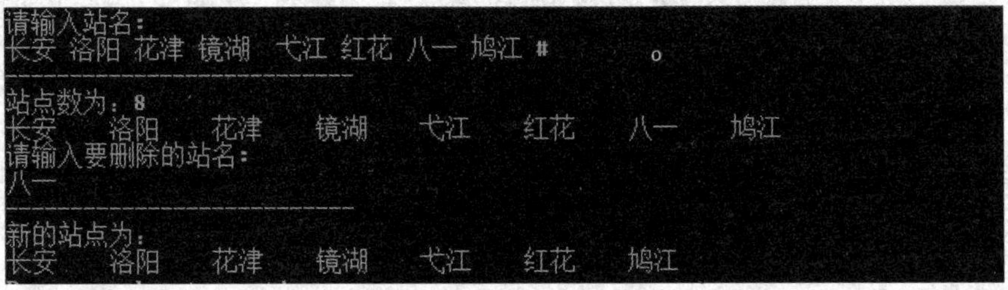

图 10-6　运行结果

4. 实验 2：上机思考题参考

编写程序从键盘输入一个矩形的左下角和右上角的坐标，输出该矩形的中心点坐标值。然后输入任意一个点的坐标，判断该点是否在矩形内。

C 源程序（文件名 sysk10-2-1.c）：

```c
#include <stdio.h>
struct point
{
  int x;
  int y;
};
struct rect
{
  struct point pt1;
  struct point pt2;
};
struct point makepoint(int x,int y);
int ptin(struct point p,struct rect r);
main()
{
  int xd,yd,xu,yu,xm,ym,in;
  struct point middle,other;
  struct rect screen;
  printf("请输入左下角的坐标：(xd,yd):\n");
  scanf("%d%d",&xd,&yd);
  printf("请输入右上角的坐标：(xu,yu):\n");
  scanf("%d%d",&xu,&yu);
  screen.pt1=makepoint(xd,yd);
  screen.pt2=makepoint(xu,yu);
  xm=(screen.pt1.x+screen.pt2.x)/2;
  ym=(screen.pt1.y+screen.pt2.y)/2;
  middle=makepoint(xm,ym);
  printf("\n矩形的中心点坐标为：(%d,%d)\n",middle.x,middle.y);
  printf("请输入任一点的坐标：(x,y):\n");
  scanf("%d%d",&other.x,&other.y);
```

```
    in=ptin(other,screen);
    if(in==1)
       printf("恭喜你!你输入的点在矩形内\n");
    else
       printf("对不起! 你输入的点不在矩形内!\n");
}
struct point makepoint(int x,int y)
{
    struct point temp;
    temp.x=x;
    temp.y=y;
    return temp;
}
int ptin(struct point p,struct rect r)
{
    if((p.x>r.pt1.x) && (p.x<r.pt2.x) && (p.y>r.pt1.y) &&(p.y<r.pt2.y))
       return 1;
    else
       return 0;
}
```

运行结果如图 10-7 所示。

图 10-7 运行结果

3. 实验 3：上机实验题参考

假设某班体育课测验包括两项内容，一项是 800 米跑；另一项男生是跳远，女生是仰卧起坐。跳远和仰卧起坐是不同的数据类型，跳远以实型米数计成绩；而仰卧起坐是以整型个数计成绩，使用共用体数据类型完成该班同学成绩的录入及显示。

C 源程序（文件名 sysj10-3-1.c）：

```
#include <stdio.h>
#include <string.h>
#define N 3
union score
{
    float jump;
    int situp;
};
struct stu
{
    char num[10];
    char sex;
```

```c
    float run;
    union score a;
};
 void input(struct stu *p)
{
   int i,y;
   float x;
   for (i=0;i<N;i++)
   {
     printf("input the num,  sex,  run: ");
     scanf("%s %c %f",&p[i].num,&p[i].sex,&x);
     p[i].run=x;
     if(p[i].sex=='M')
     {
         printf("input the jump : ");
         scanf("%f",&p[i].a.jump);
     }
     else if(p[i].sex=='F')
     {
         printf("input the situp: ");
         scanf("%d",&y);
         p[i].a.situp=y;
     }
     else
     {
         printf("error ,please again!\n");
         i--;
     }
   }
}
void output(struct stu *p)
{
   int i;
   printf("Students in physical education record is:\n");
   printf("num  sex    run    jump      situp\n");
   for(i=0;i<N;i++)
   {
     printf("%s  %c  %5.2f    ",p[i].num,p[i].sex,p[i].run);
     if(p[i].sex=='M')
         printf("%f\n",p[i].a.jump);
     else if(p[i].sex=='F')
         printf("    %d\n",p[i].a.situp);
   }
}
main()
{
   struct stu s[N];
   input(s);
   output(s);
}
```

运行结果如下：

```
Input the num,    sex,  run:101 M 3.4↙
Input the jump:2.6↙
Input the num,    sex,  run:102 F 5.2↙
Input the:36↙
Input the num,    sex,  run:103 F 4.5↙
Input the situp:45↙
Students in physical education record is :
Num      sex      run      jump      situp
101      M        3.40     2.600000
102      F        5.20               36
103      F        4.50               45
```

4.　实验 3：上机思考题参考

编写程序求解另一种变化的约瑟夫问题，即由 n 个人围成一圈，从 1 开始依次编号。现指定从第 m 个人开始报数，报到第 s 个数时该人员出列。然后从下一个人开始报数，仍是报到第 s 个数时人员出列。如此重复，直到所有人都出列，输出人员的出列顺序。

C 源程序（文件名 sysk10-3-1.c）：

```c
#include <stdio.h>
struct child
{
    int num;
    int next;
};
void OutQueue(int m,int n,int s,struct child ring[]);
main()
{
    struct child ring[100];
    int i,n,m,s;
    printf("请输入人数 n(1~99): ");
    scanf("%d",&n);
    for(i=1;i<=n;i++)    /* 对人员编号*/
    {
        ring[i].num=i;
        if(i==n)
            ring[i].next=1;
        else
            ring[i].next=i+1;
    }
    printf("人员编号为: \n");    /* 输出人员编号*/
    for(i=1;i<=n;i++)
    {
        printf("%6d",ring[i].num);
        if(i%10==0)
            printf("\n");
    }
    printf("\n 请输入开始报数的编号 m(1~100): ");
```

```
    scanf("%d",&m);
    printf("报到第几个数出列 s(1~100): ");
    scanf("%d",&s);
    printf("出列顺序: \n");
    OutQueue(m,n,s,ring);
}
void OutQueue(int m,int n,int s,struct child ring[])
{
    int i,j,count;
    if(m==1)
      j=n;
    else
      j=m-1;
    for(count=1;count<=n;count++)
    {
      i=0;
      while(i!=s)
      {
          j=ring[j].next;
          if(ring[j].num!=0)
          i++;
      }
      printf("%6d",ring[j].num);
      ring[j].num=0;
      if(count%10==0)
          printf("\n");
    }
}
```

运行结果如图 10-8 所示。

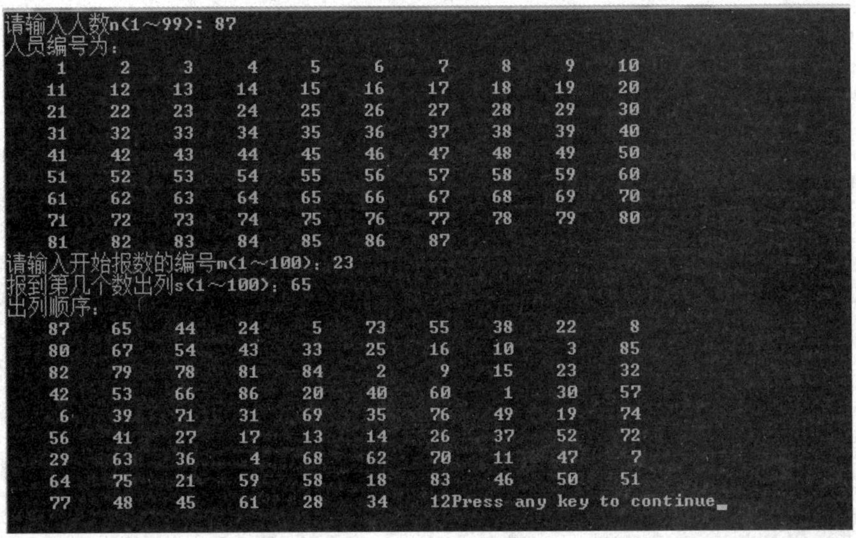

图 10-8　运行结果

10.3 习 题 解 答

1. 选择题

（1）～（5）A、C、A、A、D　　　　　（6）～（10）D、D、D、D、C

2. 填空题

（1）3、China

（2）2、England

（3）4E5S

3. 改错题

（1）将 int *y*;*m*;*d*; 改为 int *y*,*m*,*d*;、将 printf("%c,%d,%d",*s.n*,*s.d*,*s.a*); 改为 printf("%s,%d,%d",*s.n*,*s.d*,*s.a*);

（2）将 int *sum*=0,*aver*; 改为 float *sum*=0,*aver*;、将 return *sum* 改为 return *aver*

（3）将 struct *ss* *a 改为 struct *ss* *a,int *n*、将 int *I*,*n*；改为 int *I*；、将 *a*[*i*-1]=*a*[*i*]; 改为 *a*[*i*]=*a*[*i*+1];

4. 阅读题

（1）利用结构数组处理多个学生信息，给定若干个学生的信息。假设其中包括学号、姓名、3 门课的成绩，计算每个学生的总分，并按要求输出。

（2）编程实现输入 5 个学生的学号、计算其期中成绩和期末成绩，然后计算其平均值。

（3）50，70，31。

5. 编程题

（1）编写程序，实现功能为根据当天日期输出明天的日期。

C 源程序（文件名 xt10-1.c）：

```
#include <stdio.h>
struct date{
    int year;
    int month;
    int day;
};
//判断某年是否为闰年
bool isLeap(struct date d);
//返回某月的总天数
int numberOfDays(struct date d);
int main(int argc,char const *argv[])
{
    struct date today, tomorrow;
    printf("输入今天的日期:(year mm dd) ");
```

```c
    scanf("%i %i %i",&today.year,&today.month,&today.day);
    //如果当天不是本月的最后一天
    if(today.day != numberOfDays(today) ){
        tomorrow.day =  today.day + 1;
        tomorrow.month = today.month;
        tomorrow.year = today.year;
    }else if( today.month == 12 ){
        //如果当天是今年的最后一天
        tomorrow.day = 1;
        tomorrow.month = 1;
        tomorrow.year = today.year + 1;
    }else{
        tomorrow.day = 1;
        tomorrow.month = today.month + 1;
        tomorrow.year = today.year;
    }
    printf("明天的日期是：%i-%i-%i",tomorrow.year,tomorrow.month,tomorrow.day);
    return 0;
}
int numberOfDays(struct date d)
{
    int days;
    //每个月份的天数
    const int daysPerMonth[13] = {0,31,28,31,30,31,30,31,31,30,31,30,31};
    if( 2 == d.month  && isLeap(d) ){
        days = 29;
    }else{
        days = daysPerMonth[d.month];
    }
    return days;
}
bool isLeap(struct date d)
{
    bool leap = false;
    if( (d.year % 4 == 0 && d.year % 100 != 0) || d.year % 400 == 0 ){
        leap = true;
    }
    return leap;
}
```

运行结果如图 10-9 所示。

图 10-9　运行结果

（2） 编程实现输入 3 个学生的学号、计算他们的期中和期末成绩，然后计算其平均成绩，并输出成绩表。

C 源程序（文件名 xt10-2.c）：

```c
#include <stdio.h>
int main()
{
  struct stud_str
  {
    char num[10];
    float score_mid;
    float score_final;
  }stu[3];

  float sum_mid = 0;
  float sum_final = 0;
  float ave_mid = 0;
  float ave_final = 0;
  int i = 0;
  for( i = 0;i < 3;i++ )
  {
    printf("plase input id:\n");
    scanf("%s",stu[i].num);
    printf("please input mid_exam score:\n");
    scanf("%f",&stu[i].score_mid);
    printf("please input final_exam score:\n");
    scanf("%f",&stu[i].score_final);
  }
  for(i = 0;i < 3;i++)
  {
    sum_mid += stu[i].score_mid;
    sum_final += stu[i].score_final;
  }
  ave_mid = sum_mid/3;
  ave_final = sum_final/3;
  printf("学号 期中分数 期末分数\t\n");
  for(i = 0;i < 3;i++)
  {
    printf("%s\t",stu[i].num);
    printf("%g\t",stu[i].score_mid);
    printf("%g\t",stu[i].score_final);
    printf("\n");
  }
  printf("期中平均分：%g\n",ave_mid);
  printf("期末平均分：%g\n",ave_final);
  return 0;
}
```

运行结果如图 10-10 所示。

```
plase input id:
01
please input mid_exam score:
67
please input final_exam score:
86
plase input id:
02
please input mid_exam score:
87
please input final_exam score:
90
plase input id:
03
please input mid_exam score:
58
please input final_exam score:
77
学号 期中分数 期末分数
01       67       86
02       87       90
03       58       77
期中平均分: 70.6667
期末平均分: 84.3333
```

图 10-10　运行结果

第 *11* 章 文 件

11.1 知 识 介 绍

1. 文件定义

文件指一组相关数据的有序集合，这个数据集有一个名称，即文件名。实际上在前面的各章中我们已经多次使用了文件，如源程序文件、目标文件、可执行文件和库文件（头文件）等。

文件通常驻留在外部介质（如磁盘等）中，在使用时才调入内存中。

从不同的角度可对文件做不同的分类，从用户的角度看，文件可分为普通文件和设备文件两种。普通文件指驻留在磁盘或其他外部介质中的一个有序数据集，可以是源文件、目标文件、可执行程序，也可以是一组待输入处理的原始数据或者一组输出的结果。源文件、目标文件和可执行程序可以称为"程序文件"，输入/输出数据可称为"数据文件"；设备文件指与主机相连接的各种外部设备，如显示器、打印机和键盘等。在操作系统中把外部设备也作为一个文件管理，将其输入/输出等同于读和写磁盘文件。

通常把显示器定义为标准输出文件，一般情况下在屏幕上显示有关信息就是向标准输出文件输出，如前面经常使用的 printf 和 putchar 函数就是这类输出。

键盘通常被指定为标准的输入文件，从键盘上输入就意味着从标准输入文件上输入数据，scanf 和 getchar 函数属于这类输入。

从文件编码的方式来看，可分为 ASCII 码文件和二进制码文件，前者也称为"文本文件"。这种文件在磁盘中存放时每个字符对应一个字节，用于存放对应的 ASCII 码。

2. 文件指针

在 C 语言中用一个指针变量指向一个文件，这个指针称为"文件指针"，通过文件指针可对它所指的文件执行各种操作。

定义文件指针的一般格式为：

```
FILE *指针变量标识符；
```

其中 FILE 应为大写，它实际上是系统定义的一个结构，其中含有文件名、文件状态和文件当前位置等信息。在编写源程序时不必关心 FILE 结构的细节，如：

```
FILE *fp;
```

表示 *fp* 是指向 FILE 结构的指针变量，通过 *fp* 即可找存放某个文件信息的结构变量，然后按结构变量提供的信息找到该文件实施相应的操作。习惯上也笼统地将 *fp* 称为"指向一个文件的指针"。

3. 打开文件

fopen 函数用来打开一个文件，其调用的一般格式为：

```
文件指针名=fopen(文件名,使用文件方式);
```

其中"文件指针名"必须是所声明为 FILE 类型的指针变量；"文件名"是字符串常量或字符串数组，即被打开文件的文件名；"使用文件方式"指文件类型和操作要求。

4. 关闭文件

使用文件后应使用关闭文件函数关闭文件，以避免发生数据丢失等错误。

fclose 函数调用的一般格式为：

```
fclose(文件指针);
```

例如：

```
fclose(fp);
```

正常完成关闭文件操作时 fclose 函数的返回值为 0；返回非 0 值，表示有错误发生。

5. 顺序读写文件

顺序读和写文件是最常用的文件操作，在 C 语言中提供了如下读写文件的函数。

（1） 字符读写函数：fgetc 和 fputc。

（2） 字符串读写函数：fgets 和 fputs。

（3） 数据块读写函数：fread 和 fwrite。

（4） 格式化读写函数：fscanf 和 fprinf。

6. 随机读写文件

顺序读写文件只能从头开始顺序读写各个数据，如果需要只读写文件中的某一指定部分，则移动文件内部的位置指针到需要读写的位置后读写，这种读写称为"随机读写"。

实现随机读写的关键是要按要求移动位置指针，称为"文件的定位"，移动文件内部位置指针的函数主要有 rewind 和 fseek 函数。

rewind 函数的调用格式为：

```
rewind(文件指针);
```

功能是把文件内部的位置指针移到文件首。

fseek 函数用来移动文件内部位置指针，调用格式为：

```
fseek(文件指针,位移量,起始点);
```

其中"文件指针"指向被移动的文件;"位移量"表示移动的字节数,要求是 long 型数据,以在文件长度大于 64 KB 时不会出错。用常量表示位移量时要求加后缀"L";"起始点"表示从何处开始计算位移量,规定的起始点有文件首,当前位置和文件尾。

7. 检测文件函数

C 语言中常用的检测文件函数如下。

(1) feof 函数,文件结束检测函数,调用格式为:

```
feof(文件指针);
```

功能:判断文件是否处于文件结束位置,如处于,则返回值为 1;否则为 0。

(2) ferror 函数,读写文件出错检测函数,调用格式为:

```
ferror(文件指针);
```

功能:检查文件在用各种输入/输出函数读写时是否出错,如 ferror 返回值为 0 表示未出错;否则表示有错。

(3) clearerr 函数,文件出错标志和文件结束标志置 0 函数,调用格式为:

```
clearerr(文件指针);
```

功能:清除出错标志和文件结束标志,使其为 0 值。

11.2 实 验 部 分

11.2.1 实验 1:文件的基本操作

1. 目的

(1) 掌握文件的基本概念。

(2) 掌握文件的打开、关闭、读和写等文件操作函数。

(3) 了解将不同数据读入或读出文件的方法。

2. 实验示例

【例 11-1】以只写方式打开文件 out99.dat,然后把字符串 *str* 中的字符保存到这个磁盘文件中。

算法分析:首先定义一个文件指针变量,并以写方式打开指定的文件。通过循环反复从字符串 *str* 中读取字符,调用 fputc 函数逐个写入到文件中,并使用 putchar 函数将字符输出到屏幕。

C 源程序(文件名 sylt11-1-1.c):

```
#include <stdlib.h>
#include <stdio.h>
```

```
#include <conio.h>
#define N 80
void main()
{
    FILE *fp;
    int i=0;
    char ch;
    char str[N]="I'm a student!";
    system("CLS");
    if((fp=fopen("out99.dat","w"))==NULL)
    {
     printf("cannot open out99.dat\n");
     exit(0);
    }
    while (str[i])
    {
     ch=str[i];
     fputc(ch,fp);
     putchar(ch);
     i++;
    }
    fclose(fp);
}
```

运行结果如下：

```
I'm a student!
```

说明如下。

（1） 注意定义变量和函数的初始化，防止在程序中使用未赋值的变量或其他错误。

（2） 注意输入文件名是否正确。

（3） 注意程序阅读的清晰性。

【例 11-2】 从键盘上输入若干字符逐个送入到磁盘文件中，直到输入一个"#"号为止。

功能：将一个已知文件中的数据一次读出后复制到另一个文件中。

算法分析：首先定义一个文件指针变量，并以写方式打开指定的磁盘文件。通过 while 循环反复从键盘读取字符，直到遇到"#"字符为止。将读取的字符用 fputc 函数逐个写入到文件中，并使用 putchar 函数将字符输出到屏幕。

C 源程序（文件名 sylt11-1-2.c）：

```
#include <stdlib.h>
main()
{ FILE *fp;
char ch,filename[10];
printf("Input the filename please: \n");
scanf("%s",filename);
if((fp=fopen(filename,"w"))==NULL)
{ printf("cannot open file\n");
```

```
exit(0);
}
ch=getchar();
while(ch!='#')
{ fputc(ch,fp);
putchar(ch);
ch=getchar();
}
fclose(fp);
}
```

键盘输入为 abcdef#，运行结果如下：

```
abcdef
```

说明如下。

（1）　注意定义变量初始化和函数声明，防止在程序中使用未赋值的变量。

（2）　注意输入的文件名是否存在。

（3）　注意程序阅读的清晰性。

3．上机实验

（1）　从键盘输入若干行字符，将每行字符的内容写入磁盘文件 file.txt 中。如果当前行输入的内容为空，则终止输入。

（2）　显示磁盘文件中 10 个教师数据中的第 1、3、5、7、9 个教师的数据，教师数据包括姓名、工号、年龄及姓名。

（3）　从键盘上输入整数序列，并按从小到大的顺序写到指定文件。然后从文件中依次读出并显示在屏幕上，要求每行显示 5 个整型数据。

4．上机思考

根据提示从键盘输入一个已存在的文本文件的完整文件名，并输入另一个已存在的文本文件的完整文件名。然后将第 1 个文件中的内容追加到第 2 个文件的内容之后，并在程序运行过程中显示这两个文件中的内容，以此来验证程序执行结果。

11.2.2　实验参考

1．实验 1：上机实验题参考

（1）　从键盘输入若干行字符，将每行字符的内容写入磁盘文件 file.txt 中。如果当前行输入的内容为空，则终止输入。

功能：从键盘输入若干行字符送入磁盘文件 file.txt 中。

算法分析：首先定义一个文件指针变量 fp，并以写方式打开文件 file.txt。通过循环反复从键盘读取字符串，每个字符串结束的标志是 Enter 键。如果该字符串的长度大于 0，则将读取的字符用 fputs 函数写入到文件中，然后在文件中另起一行；如果该字符串的长度等于 0，则终止输入程序结束。

C 源程序（文件名 sysj11-1-1.c）：

```
#include<stdio.h>
main()
{  FILE *fp;
char str[81];
if((fp=fopen("file.txt","w"))==NULL)
{ printf("Cannot open file\n");
exit(0);
}
while(strlen(gets(str))>0)      /*键盘上读入一行字符送 str*/
{  fputs(str,fp);            /*若该字符串非空, 送入 file.txt*/
fputs("\n",fp);
}
fclose(fp);
}
```

该程序在屏幕上没有输出内容, 其正常运行的结果是将键盘输入的字符按行写入 file.txt 文件。假设输入 3 行字符串, 则文件中写入同样的 3 行字符串。

（2） 显示磁盘文件中 10 个教师数据中的第 1、3、5、7、9 个教师的数据, 教师数据包括姓名、工号、年龄及姓名。

算法分析：首先要定义两个文件名, 一个是读出数据的已经存在的源文件, 打开文件的方式是 "r"; 另一个是写入数据的目标文件, 打开文件的方式是 "w"。因为需要追加, 所以需要定义一个追加函数, 源文件中内容复制并追加到目标文件中。程序首先定义两个文件指针变量, 分别以读和写方式打开两个指定的文件。然后通过定义的追加函数判断是否追加成功, 返回 0, 表示成功; 否则表示失败。

C 源程序（文件名 sysj11-1-2.c）：

```
struct teacher
{  charname[10];
int num;
int age;
char sex;
}teach[10];
main()
{  int I;
FILE *fp;
if((fp=fopen("teacher.dat","rb"))==NULL)
{  printf("Cannot open file\n");
exit(0);
}
for(i=0;i<10;i+=2)
{  fseek(fp,i*sizeof(struct teacher),0);
fread(&teach[i], sizeof(struct teacher),1,fp);
printf(" %s%d%d%c\n ", teach[i].name, teach[i].num, teach[i].age,
teach[i].sex);
}
fclose(fp);
}
```

本程序的输出结果与 teacher.dat 的内容相关，如 teacher.dat 按照程序代码中给出的结构存储数据，则可以根据存储的内容给出相应的输出。

（3）从键盘上输入整数序列，并按从小到大的顺序写到指定文件。然后从文件中依次读出并显示在屏幕上，要求每行显示 5 个整型数据。

算法分析：将输入的整数序列按从小到大的顺序写到指定文件要进行排序处理，首先可以考虑设置一个整型数组，用于存放来自键盘上输入的每个整数。然后排序这个整数数组，最后将所有序数组写到指定文件即可。

C 源程序（文件名 sysj11-1-3.c）：

```c
#include<stdio.h>
#define N 1000
void main()
{
  FILE *fp;
  int i,j,count,a[N];
  char fname[40];
  printf("输入文件名: ");
  gets(fname);
  if((fp=fopen(fname, "w+"))==NULL)
  {                                    /*以读、写方式打开文件*/
   printf("不能打开文件 %s\n",fname);
   scanf("%*c");
   return;
  }
  count=0;
  printf("请输入要写到文件 %s 整型数据(按 end 结束):\n",fname);
  while(scanf("%d",&a[count++])==1);
    count--;
/*对整数组 a 排序*/
for(i=0;i<count;i++)
  for(j=i+1;j<count;j++)
    if(a[i]>a[j])
    {int temp=a[i];a[i]=a[j];a[j]=temp;}/*a[i]与 a[j]交换*/
/*将整型数组 a 写到指定文件*/
for(i=0; i<count; i++)
 fprintf(fp,"%d\t",a[i]);
rewind(fp);
/*从文件依次读出数据，每行显示 5 个整型数*/
count=1;
printf("\n 从文件 %s 读出的数据如下:\n",fname);
while(fscanf(fp, "%d",&i)==1)
{ /*能正确读出一个数*/
 printf("\t%d",i);count++;
 if(count++%5==0) printf("\n");
}
printf("\n");
fclose(fp);
}
```

运行结果 1 如图 11-1 所示。

```
输入文件名: fc.txt
请输入要写到文件 fc.txt 整型数据(按 end 结束):
4 7 3 4 79 45 12 end

  从文件 fc.txt 读出的数据如下:
      3       4       4       7       12
      45      79
Press any key to continue
```

图 11-1　运行结果 1

运行结果 2 如图 11-2 所示。

```
输入文件名: fn.txt
请输入要写到文件 fn.txt 整型数据(按 end 结束):
56 87 3 4 6 29 4 57 34 69 end

  从文件 fn.txt 读出的数据如下:
      3       4       4       6       29
      34      56      57      69      87

Press any key to continue
```

图 11-2　运行结果 2

2. 实验 1：上机思考题参考

根据提示从键盘输入一个已存在的文本文件的完整文件名，并输入另一个已存在的文本文件的完整文件名。然后将第 1 个文件中的内容追加到第 2 个文件的内容之后，并在程序运行过程中显示这两个文件中的内容，以此来验证程序执行结果。

算法分析：首先要定义两个文件名，一个是读出数据的已经存在的源文件，文件打开的方式是“r”；另一个是写入程序的目标文件，文件打开的方式是“w”。因为需要追加，所以需要定义一个追加函数把源文件中内容复制并追加到目标文件中；同时还需要一个显示函数显示结果。首先声明定义的两个功能函数，然后定义两个文件指针变量，分别以读和写方式打开两个指定的文件。之后用显示函数显示文件内容，返回 0，表示显示成功；返回 1，表示显示失败。然后通过定义的追加函数判断是否追加成功，返回 0，表示成功；返回 1，表示失败。

假设文件 a.txt 的内容为“源文件的内容！”，则文件 b.txt 的内容为“目标文件内容！”。

C 源程序（文件名 sysk11-1-1.c）：

```
#include <stdio.h>
#define MAXLEN 80
int AppendFile(const char* srcName, const char* dstName);
int DisplayFile(const char* srcName);
int main(void)
```

```
{
 char srcFilename[MAXLEN];
 char dstFilename[MAXLEN];
 printf("Input source filename: ");
 scanf("%s", srcFilename);
 printf("Input destination filename: ");
 scanf("%s", dstFilename);
 if(!DisplayFile(srcFilename))
   perror("Dispaly source file failed");
 if(!DisplayFile(dstFilename))
   perror("Dispaly destination file failed");
 if (AppendFile(srcFilename, dstFilename))
   {
    printf("Append succeed.\n");
    DisplayFile(dstFilename);
   }
 else
   {
    perror("Append failed");
   }
return 0;
}
/*函数功能：把 scrName 文件内容复制给 dstName，返回 0 表示复制成功；否则表示出错*/
int AppendFile(const char *srcName, const char *dstName)
{
   FILE *fpSrc = NULL;
   FILE *fpDst = NULL;
   int ch, rval = 1;
 if ((fpSrc = fopen(srcName, "r"))==NULL)
    goto ERROR;
if ((fpDst = fopen(dstName,"w"))==NULL)
    goto ERROR;
/*文件追加*/
while ((ch = fgetc(fpSrc)) !=EOF)
{
 if (fputc(ch, fpDst) == EOF)
   goto ERROR;
}
fflush(fpDst);
goto EXIT;
ERROR:
   rval = 0;
EXIT:
   if (fpSrc != NULL)
     fclose(fpSrc);
   if (fpDst != NULL)
     fclose(fpDst);
return rval;
}
/*函数功能：显示 scrName 文件内容，返回 0 值表示显示成功；否则表示出错*/
```

```
int DisplayFile(const char *srcName)
{
 FILE *fpSrc = NULL;
 int ch, rval = 1;
 if ((fpSrc = fopen(srcName,"r"))==NULL)
    goto ERROR;
 printf("File %s content:\n", srcName);
 while ((ch = fgetc(fpSrc)) !=EOF)
 {
 if (fputc(ch, stdout) == EOF)
   goto ERROR;
 }
 printf("\n");
 goto EXIT;
 ERROR:
   rval = 0;
EXIT:
   if (fpSrc != NULL)  fclose(fpSrc);
return rval;
}
s
```

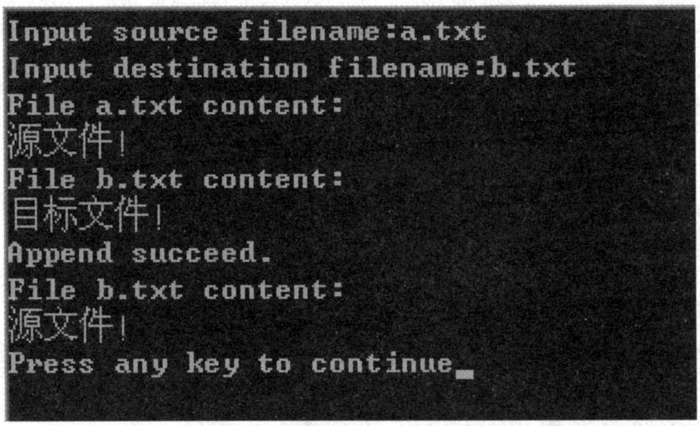

图 11-3　运行结果

运行结果 2（a.txt 文件不存在）如图 11-4 所示。

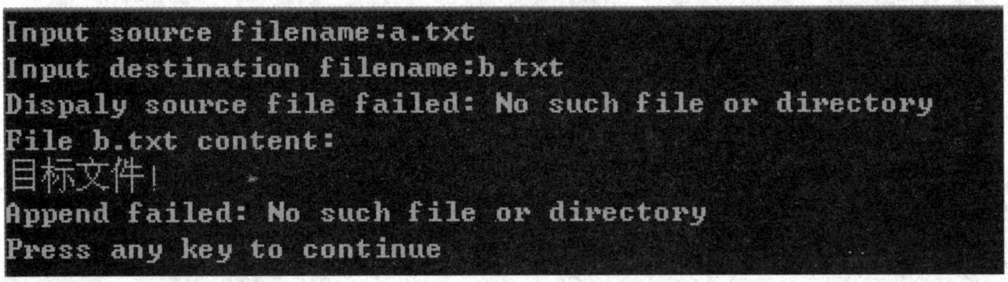

图 11-4　运行结果

11.3 习 题 解 答

1. 选择题

（1）～（5）A、B、B、、DC   （6）～（10）A、D、B、C、B

2. 填空题

（1）出错
（2）把位置指针从当前位置向文件尾移动 100 个字节
（3）打开
（4）键盘
（5）0

3. 编程题

把文本文件 B 中的内容追加到文本文件 A 的内容之后，如文件 B 的内容为"I'm ten"；文件 A 的内容为 "I'm a student！"，追加之后文件 A 的内容为 "I'm a student！I'm ten."。

算法分析：首先以 "r" 的方式分别打开文件 A 和 B，并将内容输出到屏幕，此时可以查看文件 A 和 B 的内容。关闭文件 A 和 B，再以 "a" 的方式打开文件 A，以 "r" 的方式打开文件 B。将文件 B 的内容逐个读出并写入文件 A 的末尾，最后输出文件 A 的内容。

C 源程序（文件名 xt11-1.c）：

```
#include<stdlib.h>
#include<stdio.h>
#include<conio.h>
#define N 80
void main()
{
    FILE *fp,*fp1,*fp2;
    int i;
    char c[N],ch;
    system("CLS");
    if((fp=fopen("A.dat","r"))==NULL)
    {
     printf("file A cannot be opened\n");
exit(0);
    }
    printf("\n A contents are : \n\n");
    for(i=0;(ch=fgetc(fp))!=EOF;i++)
    {
     c[i]=ch;
     putchar(c[i]);
    }
    fclose(fp);
    if((fp=fopen("B.dat","r"))==NULL)
    {
```

```
    printf("file B cannot be opened\n");
    exit(0);
  }
 printf("\n\n\nB contents are : \n\n");
 for(i=0;(ch=fgetc(fp))!=EOF;i++)
 {
  c[i]=ch;
  putchar(c[i]);
 }
 fclose(fp);
 if((fp1=fopen("A.dat","a")) && (fp2=fopen("B.dat","r")))
 {
  while((ch=fgetc(fp2))!=EOF)
      fputc(ch,fp1);
 }
 else
 {
  printf("Can not open A B !\n");
 }
 fclose(fp2);
 fclose(fp1);
 printf("\n***new A contents***\n\n");
 if((fp=fopen("A.dat","r"))==NULL)
 {
  printf("file A cannot be opened\n");
  exit(0);
 }
 for(i=0;(ch=fgetc(fp))!=EOF;i++)
 {
  c[i]=ch;
  putchar(c[i]);
 }
 fclose(fp);
}
```

运行结果如下：

```
A contents are :
I'm a student!

B contents are :
I'm ten.

***new A contents***
I'm a student ! I'm ten.
```

参 考 文 献

[1] 谭浩强. C 程序设计教程[M]. 北京：清华大学出版社，2005.

[2] 谭浩强. C 程序设计教程学习辅导[M]. 北京：清华大学出版社，2005.

[3] 周鸣争. C 语言程序教程[M]. 成都：电子科学大学出版社，2010.

[4] 宋劲衫. 一站式学习 C 编程[M]. 北京：电子工业出版社，2011.

[5] Brian W.Kerninghan,Dennis M.Ritchie. The C Programming Language[M]. 北京：机械工业出版社，2004.

[6] 甘岚. C 语言程序设计[M]. 成都：西南交通大学出版社，2015.

[7] 甘岚. C 语言程序设计实验指导与习题解答[M]. 成都：西南交通大学出版社，2015.

[8] 崔武子. C 程序设计教程[M]. 北京：清华大学出版社，2009.

[9] 崔武子. C 程序设计辅导与实训[M]. 北京：清华大学出版社，2009.

[10] 杨路明. C 语言程序设计[M]. 北京：邮电大学出版社，2005.